"十三五"江苏省高等学校重点教材（教材编号：2019-1-083）

高等职业教育系列教材

变频器技术及综合应用

主　编　周　奎　王　玲　吴会琴
参　编　侍寿永　关士岩　庄彦钦

机 械 工 业 出 版 社

本书通过企业案例，以变频器的安装、操作、运行、维护为主线，结合西门子 MM440 变频器、S7-200 SMART PLC（S7-200 PLC）、MCGS 组态软件，介绍了"变频器的功能认知、变频器的基本调速、基于 PLC 的变频调速、变频器的工程实践"4 个模块。

本书以项目方式将理论与实践融为一体，实现教、学、做一体化，项目设计遵循由简单到复杂、由单一到综合的认知规律，注重企业文化、职业素养的渗透。融入了电工国家职业技术标准中关于变频器技术的认证要求。

本书详细给出了每个项目的硬件电路图、PLC 程序、变频器参数以及触摸屏的组态设计，并配有 74 个二维码形式的微课视频。

本书可作为高职高专院校电气类、机电类相关专业变频器课程教材，也可作为工程技术人员的自学或参考用书。

本书还配有电子课件、习题答案和源程序，需要的教师可登录 www.cmpedu.com 进行免费注册，审核通过后下载，或联系编辑索取（微信：15910938545，电话：010-88379739）。

图书在版编目（CIP）数据

变频器技术及综合应用／周奎，王玲，吴会琴主编．—北京：机械工业出版社，2021.6（2025.3 重印）
高等职业教育系列教材
ISBN 978-7-111-68228-8

Ⅰ. ①变… Ⅱ. ①周… ②王… ③吴… Ⅲ. ①变频器-高等职业教育-教材 Ⅳ. ①TN773

中国版本图书馆 CIP 数据核字（2021）第 091371 号

机械工业出版社（北京市百万庄大街 22 号 邮政编码 100037）
策划编辑：李文轶 责任编辑：李文轶 白文亭
责任校对：张艳霞 责任印制：单爱军

河北泓景印刷有限公司印刷

2025 年 3 月第 1 版·第 10 次印刷
184mm×260mm·12.5 印张·303 千字
标准书号：ISBN 978-7-111-68228-8
定价：49.00 元

电话服务   网络服务

客服电话：010-88361066   机 工 官 网：www.cmpbook.com
010-88379833   机 工 官 博：weibo.com/cmp1952
010-68326294   金 书 网：www.golden-book.com
封底无防伪标均为盗版   机工教育服务网：www.cmpedu.com

前　　言

在现代工业和经济生活中，变频技术已广泛应用于各个领域，成为自动控制领域不可或缺的设备之一，它常与传感器、PLC、人机界面等设备配合使用，构成功能齐全的自动控制系统。为此，编者结合多年工程及教学经验，在企业技术人员的大力支持下编写了本书，旨在使学生或具有一定电气控制基础的工程技术人员较快地掌握变频器综合应用技术。

本书以变频器的安装、操作、运行、维护为主线，共分变频器的功能认知、变频器的基本调速、基于 PLC 的变频调速、变频器的工程实践 4 个模块，并以西门子 MM440 变频器、S7-200 SMART PLC（S7-200 PLC）、MCGS 组态软件为载体进行介绍。

"模块 1 变频器的功能认知"主要介绍了变频器系统和功能、电力电子器件、变频器的电路结构、工作原理、面板操作和参数设置。

"模块 2 变频器的基本调速"介绍了面板调速、开关量调速（正反转调速、多段速调速）、模拟量调速等基本调速方法。

"模块 3 基于 PLC 的变频调速"介绍了变频器与 PLC 的连接，数字信号连接、模拟信号连接、通信信号连接的应用，以及不同连接方式下的调速方法。

"模块 4 变频器的工程实践"介绍了变频器的选择、安装、工程应用案例、维护与保养等知识。同时融合了触摸屏在变频系统中的应用。

本书用企业真实案例，以项目方式将理论与实践融为一体，实现教、学、做一体化，项目设计遵循由简单到复杂、由单一到综合的认知规律，注重企业文化、职业素养的渗透。融入了电工国家职业技术标准中关于变频器技术的认证要求。

本书详细给出了每个项目的硬件电路、PLC 程序、变频器参数，以及触摸屏的组态设计，并配有 74 个二维码形式的微课视频。

本书可作为高职高专院校电气类、机电类相关专业变频器课程用教材，也可作为工程技术人员的自学或参考用书。

本书由周奎、王玲、吴会琴主编，侍寿永、关士岩、庄彦钦参编。模块 1 和模块 2 由王玲编写。模块 3 和模块 4 主要由周奎编写。项目 3.3 和项目 3.4 由侍寿永编写。附录和数字化资源素材由吴会琴和关士岩提供，企业案例由庄彦钦提供。全书由周奎和王玲统稿，成建生主审。

本书在编写过程中得到江苏石油化工股份有限公司、庄子电气有限公司的大力支持，以及江苏高校"青蓝工程"相关项目的资助，在此表示感谢！

限于水平和经验，疏漏之处恳请读者批评指正。

编　者

目　录

模块 1   变频器的功能认知

项目 1.1   变频器的功能及电路结构

【学习目标】

- 掌握电动机调速方法及其特点。
- 理解变频器在节能、自动控制领域的应用及功能。
- 掌握变频器的分类以及各种类型变频器的特点。
- 掌握电力电子器件的特征、分类、结构、符号及特性。
- 理解典型电力电子器件的应用。
- 掌握交-直-交变频器主电路的结构及各部分作用。
- 掌握交-直-交主电路中各电子元器件的特性及作用。
- 理解交-直-交变频器主电路中典型故障的原因。

【资格认证】

- 会分析和介绍变频调速的应用特点及功能体现。
- 会分析和排除整流电路故障。
- 会分析交-直-交变频器主电路工作过程，诊断和排除主电路故障。

【项目引入】

随着工业自动化程度的不断提高，变频器得到了广泛的应用，在节能、自动化控制、优化电动机起/停等领域提供了优化方案，为各行业领域带来了很多的效益。变频器本质上是电源变换装置，承担电力变换主电路的主要器件是电力电子器件，主电路结构有"交-直-交"以及"交-交"两种，"交-直-交"结构应用得比较多，电力变换过程包括整流、滤波以及逆变环节。应用变频器时，需要了解它的功能，明确使用它的优点；变频器发生故障时，需要理解变频器主电路的构成及工作原理，才能对应地分析故障原因，排除故障；维修时，需要掌握主电路构成元器件的特征及参数。本项目中将了解变频器的功能、电力电子器件的特征及应用电路、交-直-交变频器主电路的结构及工作原理等相关知识。

【任务描述】

1）对比电动机的全压起动及运行特点，认识变频器节能作用及实现电动机软起动、软停止的功能。

2）对比电动机换向、换速的继电器控制方法，结合工业洗衣机、变频恒压供水的工艺需求，认识变频器在自动控制方面的作用。

3）对比电动机过电流、短路、过载、过电压保护的继电器控制实现方法，了解变频器的保护类型及实现方法。

4）对比识别电力电子元器件的结构、符号、主要参数以及特性。

5）认知交-直-交变频器主电路中各单元电路的结构，说明交-直-交变频器信号的变换过程。

6）学习并理解交-直-交变频器主电路中主要元器件的作用，能够明确各元器件发生故障时对电路工作的影响。

1.1.1 变频器系统及功能

1. 变频调速系统

（1）电气传动系统分类

电气传动关系到合理地使用电动机以节约电能和控制机械的运转状态（位置、速度、加速度等），实现电能-机械能的转换，达到优质、高产、低耗的目的。电气传动系统分为不调速系统和调速系统两大类。随着电力电子技术的发展，原本不调速的机械越来越多地改用调速系统以节约电能，改善产品质量，提高生产率。调速系统分为直流调速系统和交流调速系统两大类。

1）直流调速系统。直流电动机虽然有调速性能好的优点，但也有一些固有的难以克服的缺点，主要是机械式换向器带来的弊端。其缺点是：维修工作量大，故障率高；容量、电压、电流和转速的上限值，均受到换向条件的制约，在一些大、特大容量的调速领域中无法应用；使用环境受限，特别是在易燃易爆场合难于应用。

2）交流调速系统。交流电动机有一些固有的优点：容量、电压、电流和转速的上限，不像直流电动机那样受限制；结构简单，造价低；坚固耐用，故障率低，容易维护。它的缺点是调速困难，简单调速方案的性能指标不佳。

（2）交流电动机的调速方法

由电动机学原理可知，交流异步电动机的转速表达式为

$$n = \frac{60f}{p}(1-S) \tag{1-1}$$

式中　n——电动机转速；

　　　f——定子供电电源频率；

　　　p——极对数；

　　　S——转差率。

由此可以归纳出交流异步电动机的 3 种调速方法：变极对数 p 调速、变转差率 S 调速及变电源频率 f 调速。

1）变极对数调速。变极对数调速只适用于变极电动机，在电动机中安装多套绕组，在运行时通过外部的开关设备控制绕组的连接方式来改变极对数，从而改变电动机的转速。其优点是：在每一个转速等级下，具有较硬的机械特性，稳定性好。其缺点是：转速只能在几个速度级上改变，调速平滑性差；在某些接线方式下最大转矩减小，只适用于恒功率调速；电动机的体积大，制造成本高。

2）变转差率调速。变转差率调速又可采用降低定子电压、转子串电阻、串级调速来实现。

① 降低定子电压。降低定子电压调速适用于专门设计的具有较大转子电阻的高转差率异步电动机。当电动机定子电压改变时，可以使工作点处于不同的机械特性曲线上，从而改

变电动机的工作速度。特点是：调速范围窄，机械特性软；适用范围窄。为改善调速特性，一般要使用闭环控制的工作方式，系统的结构复杂。

② 转子串电阻。转子串电阻调速适用于绕线式异步电动机。通过在电动机转子回路中串入不同阻值的电阻，人为地改变电动机机械特性的硬度，从而改变在某种负载特性下的转速。其优点是：设备简单，易于实现。其缺点是：只能有级调速，平滑性差；低速时机械特性软，静差率大，转子铜损高，运行效率低。

③ 串级调速。串级调速是对转子串电阻调速方式的改进，基本工作方式也是通过改变转子回路的等效阻抗从而改变电动机的工作特性，达到调速的目的。实现方法是：在转子回路中串入一个可变的电动势，从而改变转子回路的回路电阻，来改变电动机的转速。其优点是：可以通过某种控制，使转子回路的能量回馈到电网，从而提高效率；在适当的控制下，可以实现低同步或高同步的连续调速。缺点是：只适用于绕线式异步电动机，且控制系统相对复杂。

3）变频调速。变频调速适用于笼型异步电动机。由电动机调速公式可知，如果能连续改变电动机的定子电源频率，就可以连续地改变电动机的同步转速，使其转速可以在一个较宽的范围内连续可调，因此它属于无级调速。变频调速在运行的经济性、调速的平滑性、机械特性方面都有明显的优势。

变频调速技术也是交流调速中发展最快、最有潜力的技术。随着交流电动机调速理论的突破和变频器性能的不断完善，变频调速已开始成为交流调速的主流技术。目前，交流调速系统的性能已经可以和直流调速系统相媲美，有些甚至超过直流调速系统。

（3）电气传动系统的组成

电气传动系统通常由电动机、控制装置和电源装置 3 个部分组成。一般机械设备中的不调速的电气传动系统框图如图 1-1 所示。变频调速的电气传动系统框图如图 1-2 所示。

图 1-1　不调速的电气传动系统框图　　图 1-2　变频调速的电气传动系统框图

2. 变频器功能

（1）变频调速的节能作用

变频器是否节电根本是变频器的调速特性对于变频器驱动的负载是否节电，需要考虑两个方面。

1）变频器的运行状态。

若电动机长期处于满负荷状态运行，那么可节约的电量很少。若电动机不需要长期满负荷运行，则需要进行速度调节，这样可节约的电量就比较可观。

2）变频器驱动负载的类型。

二维码 1-1　变频器节能功能

对于风机、水泵类负载，其功率与转速的立方成正比，若电动机转速下降，功率将会有立方级别的对应下降，比如转速下降到原来的 80%，则功率将只有原来的 51.2%。对这类负载变频将会带来很大的节能效果，而对于恒功率负载，这类负载的功率与转速大小无关，比如配料传动带，若配料多、厚时，传送带速度慢，配料薄、少时，传送带速度加快，变频器在这类负载中不能节能。

以节能为目的，变频器广泛应用于各行业。以空调负载应用为例，现在，写字楼、商场和一些超市、厂房都有中央空调，在夏季的用电高峰，空调的用电量很大。在炎热天气，北京、上海、深圳空调的用电量均占高峰用电量的 40% 以上。因而使用变频装置，来拖动空调系统的冷冻泵、冷水泵、风机，是一项非常好的节电技术。

（2）变频器在自动化控制系统中的作用

电动机的起/停、正/反转以及换速，若采用继电器控制方法，则接线、调试运行复杂、故障率高、故障排查困难，换速工艺单一，无法实现连续调速控制。而变频器一般都具有数字量输入端子和模拟量输入端子。

二维码 1-2 变频器自动控制功能

相比较继电器控制系统而言，数字量输入应用时，变频器实现换向、多种速度切换控制时，不需要接触器，只需外接开关信号，接线和功能设计都比较简单，结合控制器例如 PLC，就可以完成多种换向换速工艺自动控制。模拟量输入端子接收电压或电流信号，可以反映压力、温度等过程量，实现过程量的自动控制，例如变频恒压供水系统中，变频器模拟量通道接收对应压力的模拟量信号，自动调节水泵的运行速度，保证供水压力恒定，实现恒压供水；例如变频中央空调中，变频器模拟量通道接收对应温度的模拟信号，自动调节空调压缩机的运行速度，从而调整环境温度，使其达到温度设定值。

变频器极大地丰富了电动机的控制工艺，且系统的设计、接线、调试简单，工作稳定，故障率低，在自动控制系统中得到广泛应用。

（3）变频器软起动、软停止作用

电动机的起动有直接起动、Y-△降压起动、软起动器起动以及变频器起动。

直接起动和 Y-△降压起动属于硬起动，会带来电气、机械以及经济性等方面的问题。软起动器起动属于软起动，软起动器实质上是使用调压器，它是在市电电源与电动机之间加入了调压电路，输出电压可调，电源频率固定。

二维码 1-3 变频器软起动软停止功能

软起动器起动电动机，可以避免硬起动带来的问题，但是软起动器起动转矩小，不适用于重荷负载的起动。变频器起动时，其输出同时改变电压和频率，改变频率也就改变了电动机运行曲线上的同步转速（n_0），使电动机运行曲线平行下移，电动机起动转矩达到最大转矩，因此变频器可以起动重荷负载。同时，变频器还可以设定多种起/停模式，优化电动机起/停动态过程。

变频器对电动机起/停过程的优化设置，很好地应用在电梯高架游览车类负载中。电梯是载人工具，要求拖动系统高度可靠，又要频繁地加/减速起/停，对电梯乘坐的安全感、舒适感和效率提出了更高的要求。过去电梯调速直流居多，近几年逐渐转为交流电动机变频调速。

（4）变频器的安全保护作用

变频器是利用电力半导体器件的通断作用将工频电源转换为另一频率的电能的变换装置，变频器内部有检测环节，一旦检测到异常后会自动切断控制信号，使电动机自动停车。对一些好的变频器，还会显示故障类别，便于电路诊断。

3. 变频器分类

长期以来交流电的频率一直是固定的，变频器的出现使频率变成可以充分利用的资源。变频器是将固定频率的交流电变换成频率连续可调的交流电的装置。变频器的种类很多，下面按照不同的分类方法介绍变频器。

二维码 1-4 变频器的分类

（1）按变频器的用途分类

对于大多数用户来说，可能更为关心的是变频器的用途，变频器按照用途可以分为通用变频器和专用变频器两种。

1）通用变频器。

顾名思义，通用变频器的特点是通用性。随着变频技术的发展和市场需求的不断扩大，通用变频器也在朝着两个方向发展：一是低成本的简易型通用变频器；二是高性能的多功能通用变频器。

① 简易型通用变频器。

简易型通用变频器是一种以节能为主要目的而简化了一些系统功能的通用变频器。它主要应用于水泵、风扇、鼓风机等对于系统调速性能要求不高的场合，并具有体积小、价格低等方面的优势。

② 高性能的多功能通用变频器。

高性能的多功能通用变频器在设计过程中充分考虑了在变频器应用中可能出现的各种需要，并为满足这些需要在系统软件和硬件方面都做了相应的准备。在使用时，用户可以根据负载特性选择算法并对变频器的各种参数进行设定，也可以根据系统的需要选择厂家所提供的各种备用选件来满足系统的特殊需要。高性能的多功能通用变频器除了可以应用于简易型变频器的所有应用领域之外，还可以广泛应用于电梯、数控机床、电动车辆等对调速系统的性能有较高要求的场合。

2）专用变频器。

① 高压变频器。

高压变频器一般是大容量的变频器，最高功率可达到 5000kW，电压等级为 3kV、6kV、10kV。

高压大容量变频器主要有两种结构形式：一种采用大容量门极关断晶闸管（GTO）或集成门极换流晶闸管（IGCT）串联的方式，不经变压器直接将高压电源整流为直流，再逆变输出高压，称为"高-高"式高压变频器，亦称为直接式高压变频器，由它组成的直接高-高型变频调速系统如图 1-3 所示；另一种是由低压变频器通过升降压变压器构成，称为"高-低-高"式变压变频器，亦称为间接式高压变频器，由它组成的高-低-高型变频调速系统如图 1-4 所示。

图 1-3 直接高-高型变频调速系统

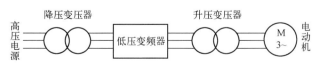

图 1-4 高-低-高型变频调速系统

② 高频变频器。

在超精密机械加工中常要用到高速电动机。为了满足其驱动的需要，出现了采用脉幅调制控制的高频变频器，其输出主频率可达 3 kHz，驱动两极异步电动机时最高转速为180000 r/min。

③ 高性能专用变频器。

随着控制理论、交流调速理论和电力电子技术的发展，异步电动机的矢量控制得到发展，矢量变频器及其专用电动机构成的交流伺服系统的功能已经达到并超过了直流伺服系统。此外，由于异步电动机还具有环境适应性强、维护简单等许多直流伺服电动机不具备的优点，在要求高速、高精度的控制中，这种高性能交流伺服变频器正逐步代替直流伺服系统。

（2）按变频器的工作原理分类

变频器按照工作原理可分为交-直-交变频器和交-交变频器两类。

1）交-直-交变频器。

交-直-交变频器（又称为间接变频器）是先将工频交流电通过整流器变成直流电，再经过逆变器变成电压和频率可调的交流电。交-直-交变频器由整流器、中间环节和逆变器三部分组成。整流器的作用是将恒压恒频的交流电变成大小可调的直流电；中间环节的作用是通过电感或电容对整流后的直流电压或电流进行滤波，为逆变器提供直流电源；逆变器的作用是将直流电变换成可以调频的交流电。逆变器是变频器的核心部分。

按照直流环节储能方式的不同，交-直-交变频器又分为电压型和电流型两种。

① 电压型变频器。在交-直-交变频器中，整流电路产生的直流电压通过电容进行滤波后供给逆变电路。由于采用大电容滤波，故输出电压波形比较平直，在理想情况下可以看成一个内阻为零的电压源，逆变电路输出的电压为矩形波或阶梯波，因此这类变频器也叫电压型变频器。电压型变频器多用于不要求正/反转、快速或加/减速的通用变频器中。

② 电流型变频器。在交-直-交变频器中，中间直流环节采用大电感进行滤波时，直流电流波形比较平直，因而电源内阻很大，对负载来说基本上是一个电流源，逆变电路输出的电流为矩形波或阶梯波，因此这类变频器也叫电流型变频器。电流型变频器适用于频繁可逆运转的变频器和大容量的变频器中。

根据调压方式的不同，交-直-交变频器又分为脉幅调制和脉宽调制两种。

① 脉幅调制。脉幅调制（Pulse Amplitude Modulation，简称 PAM）是指通过调节输出脉冲的幅值来调节输出电压的一种方式。在调节过程中，逆变器负责调频，相控整流器或直流斩波器负责调压。目前，这种方式在中小容量变频器中很少采用。

② 脉宽调制。脉宽调制（Pulse Width Modulation，简称 PWM）是指通过改变输出脉冲的宽度和占空比来调节输出电压的一种方式。在调节过程中，逆变器负责调频和调压。目前普遍使用的是脉宽按正弦规律变化的正弦波脉宽调制方式，即 SPWM 方式。中小容量的通用变频器几乎全部采用此类调压方式。

2）交-交变频器。交-交变频器（又称为直接变频器）是把频率固定的交流电变换成频率连续可调的交流电。其优点是：没有中间变换环节，故变频器的效率高。但其连续可调的频率范围窄，一般在固定频率的 1/2 以下。另外，交-交变频器所用的器件多，总设备投资大，使其应用受到限制。

（3）按变频器的控制方式分类

1）恒定压频比控制变频器。恒定压频比控制变频器的基本特点是对变频器输出的电压和频率同时进行控制，通过保持 U/f 恒定，使电动机获得所需的转矩特性。这种控制方式控制电路成本低，多用于精度要求不高的通用变频器。

2）转差频率控制变频器。转差频率控制变频器是在 U/f 控制基础上改进的一种闭环控制方式。采用这种控制方式，变频器通过电动机、速度传感器构成速度反馈闭环调速系统。变频器的输出频率由电动机的实际转速与转差频率之和来自动设定，从而达到在调速控制的同时也使输出转矩得到控制。其优点是：调速精度与转矩的动特性较好。但是这种控制需要在电动机的轴上安装速度传感器，并需要依据电动机特性调节转差，故通用性较差。

3）矢量控制变频器。矢量控制是 20 世纪 70 年代由德国西门子公司 F. Blaschke 博士首先提出来的对交流电动机的一种新的控制思想和控制技术，也是异步电动机的一种理想调速方法。矢量控制的基本思想是：模仿直流电动机的控制方法，将异步电动机的定子电流分解为产生磁场的电流分量（励磁电流）和与其垂直的产生转矩的电流分量（转矩电流），并分别加以控制。由于这种控制方式中必须同时控制异步电动机定子电流的幅值和相位，即控制定子电流矢量，故被称为矢量控制。

矢量控制使异步电动机的高性能调速成为可能。矢量控制变频器不仅在调速范围上可以与直流电动机相匹敌，而且可以直接控制异步电动机转矩的变化。然而，在实际的应用中，由于转子磁链难以准确观测，系统特性受到电动机参数的影响较大，且在等效直流电动机控制过程中所用到矢量旋转变换较复杂，使得实际的控制效果难以达到理想分析的效果。

4）直接转矩控制变频器。1985 年，德国鲁尔大学的 M. Depenbrock 教授首次提出了直接转矩控制的概念。该技术在很大程度上解决了矢量控制的不足，并以新颖的控制思想、间接明了的系统结构、优良的动静态性能得到了迅速发展。直接转矩控制是直接在定子坐标系下分析交流电动机的数学模型，控制电动机的定子磁链和转矩。它不需要将交流电动机转换成等效的直流电动机，因而省去了矢量旋转变换中的许多复杂计算。

1.1.2　电力电子器件

1. 电力电子器件的概念和特征

电力电子器件就是可直接用于处理电能的主电路中，实现电能的变换或控制的电子器件。

二维码 1-5　电力电子器件的特征及分类

在对电能的变换和控制过程中，电力电子器件可以抽象成图 1-5 所示的理想开关模型，它有 3 个电极，其中 A 和 B 代表开关的两个主电极，K 是控制开关通断的门极。它只工作在"通态"和"断态"两种情况，在通态时其电阻为零，断态时其电阻无穷大。

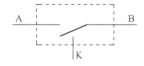

图 1-5　电力电子器件的理想开关模型

同处理信息的电子器件相比，电力电子器件的一般特征如下。

1）承受电压和电流的能力强，电压和电流是最重要的参数，额定功率大多数都远大于处理信息的电子器件。

2）电力电子器件一般都工作在开关状态。

3）电力电子器件在实际使用中，往往需要由信息电子电路来控制。

4）为保证电力电子器件在工作中不至于因功率损耗散发的热量导致器件温度过高而损坏，不仅在器件封装上讲究散热设计，在其工作时一般都要安装散热器。

2. 电力电子器件的分类

电力电子器件种类繁多，发展迅速，技术内涵相当丰富，电力电子器件是组成变频器的关键器件，表1-1列出了当代常用的电力电子器件的类型。

表1-1　电力电子器件的类型

类　型		器 件 名 称	代号
不可控器件		电力二极管（Power Diode）	PD
半控型器件		晶闸管（Thyristor）	T
全控器件	电流控制器件	双极结型晶体管（Bipolar Junction Transistor）、电力晶体管（Giant Transistor）	BJT、GTR
		门极可关断晶体管（Gate Turn-off Thyristor）	GTO
	电压控制器件	电力场效应晶体管（Power MOS Field-Effect Transistor）	P-MOSFET
		绝缘栅双极晶体管（Insulated Gate Bipolar Transistor）	IGBT
		集成门极换流晶闸管（Integrated Gate-Commutated Thyristor）	IGCT
		MOS门控晶闸管（MOS Controlled Transistor）	MCT
		静电感应晶体管（Static Induction Transistor）	SIT
		静电感应晶闸管（Static Induction Thyristor）	SITH
电力电子模块		智能功率模块（Intelligent Power Module）	IPM

3. 典型电力电子器件及应用

（1）二极管（PD）

二极管的基本结构和工作原理与信息电子电路中的二极管一样，具有单相导电性，电力二极管具有两个电极（阳极 A 和阴极 K），图1-6a为电力二极管的外形，从外形上看主要有螺栓型和平板型，图1-6b为电力二极管的电气图形符号。

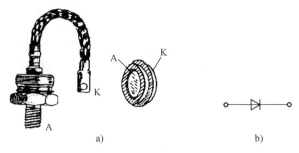

a)　　　　　　　　　　　b)

图1-6　电力二极管的外形和电气图形符号
a）外形　b）电气图形符号

二极管的工作特性见表1-2。当二极管两个电极加上正向电压，二极管导通，导通后二极管电极A和K之间相当于一根导线。当二极管两个电极承受反向电压时，二极管关断，二极管电极A和K之间不通，其两端电阻值无穷大。当二极管反向电压增加到反向不重复峰值电压值（U_{RSM}）时，二极管将发生反向击穿而损坏。

表1-2　二极管的工作状态和参数一览表

工作特性　　状态	正 向 导 通	反 向 截 止	反 向 击 穿
电流	正向大	几乎为零	反向大
电压	维持1 V	反向大	反向大
阻态	低阻态（接近0）	高阻态（近似∞）	导通

二极管的主要类型有普通二极管、快恢复二极管、肖特基二极管。

普通二极管又称整流二极管，多用于开关频率不高（1 kHz以下）的整流电路中。

快恢复二极管和肖特基二极管，分别应用在中、高频整流和逆变，以及低压高频整流的场合，具有不可替代的地位。

（2）晶闸管（T）

1）结构与工作原理。

晶闸管的外形有螺栓型和平板型两种，引出阳极A、阴极K和门极（控制端）G3个连接端，图1-7a为晶闸管的外形；图1-7b为晶闸管的结构；图1-7c为晶闸管的图形符号。

二维码1-6　晶闸管的认知与测试

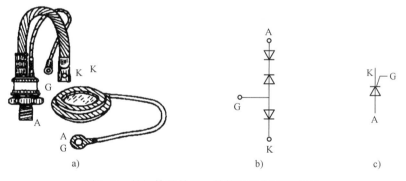

a)　　　　　　　　　b)　　　　　　　　　c)

图1-7　晶闸管的外形、结构和电气图形符号
a）外形　b）结构　c）电气图形符号

晶闸管是一种具有单向导电性和正向导通的可控器件，图1-8所示的电路是晶闸管构成的指示灯工作电路，在该电路中，由电源E_a、白炽灯、晶闸管的阳极和阴极组成晶闸管主电路；由电源E_g、开关S、晶闸管的门极和阴极组成控制电路，也称触发电路。

通过上述实验可知，晶闸管导通必须同时具备两个条件：

① 晶闸管阳极和阴极间加正向电压。

② 晶闸管门极和阴极间也加正向电压形成触发电流。

晶闸管一旦导通后，门极便失去作用，即使触发信号消失，晶闸管仍可维持导通状态。

晶闸管关断的条件：

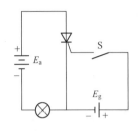 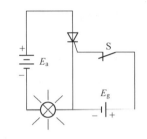 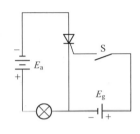

图1-8　晶闸管导通实验电路图

① 阳极电流降至接近于零的某一数值 I_H 以下（维持电流 I_H 是指使晶闸管维持导通所必需的最小电流）。

② 将阳极电源断开或者在晶闸管的阳极和阴极之间施加反向电压。

2）晶闸管应用。晶闸管作为一种开关器件，在高电压、大电流条件下工作，被广泛应用于可控整流、交流调压、无触点电子开关、逆变及变频等电子电路中，是典型的小电流控制大电流的设备。

① 单相半波可控整流电路。

图1-9a所示是单相半波可控整流带电阻性负载的电路，变压器 T_r 起变换电压和隔离的作用，其一次电压和二次电压瞬时值分别用 u_1 和 u_2 表示，有效值分别用 U_1 和 U_2 表示。

二维码1-7　单相半波可控整流电路的分析

晶闸管是一种可控的单向导电器件，根据它的导通条件，晶闸管 VT 只有在电源的正半周承受正向电压，且当 $\omega t = \alpha$ 时 VT 门极给予触发信号 u_g 时 VT 导通，晶闸管导通以后，认为通态压降近似为零，因此电源电压 u_2 全部加在 R 上，输出电压 $u_d = u_2$。在 u_2 的负半周，VT 承受反压，一直处于反向阻断状态，u_2 全部加在 VT 两端，输出电压 $u_d = 0$。电路工作情况如图1-9b所示。

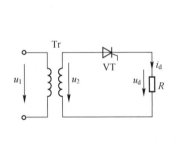

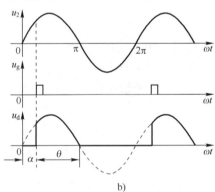

图1-9　单相半波可控整流带电阻性负载电路

a）原理图　b）工作波形图

在单相半波可控整流电路中，定义晶闸管从承受正向电压起到触发导通之间的电角度 α 称为触发延迟角（或移相角），晶闸管在一个周期内导通的电角度称为导通角，用 θ 表示。对于图1-9a所示的电路，若触发延迟角为 α，则晶闸管的导通角为 $\theta = \pi - \alpha$。

根据波形图1-9b，可求出整流输出电压平均值为

二维码1-8　触发延迟角和导通角

$$U_\mathrm{d} = \frac{1}{2\pi} \int_\alpha^\pi \sqrt{2}\, U_2 \sin\omega t\, \mathrm{d}(\omega t) = \frac{\sqrt{2}\,U_2}{2\pi}(1 + \cos\alpha) = 0.45 U_2 \frac{1 + \cos\alpha}{2} \qquad (1\text{-}2)$$

式（1-2）表明，只要改变触发延迟角 α（即改变触发时刻），就可以改变整流输出电压的平均值，从而达到相控整流的目的。这种通过控制触发脉冲的相位来控制直流输出电压大小的方式称为相位控制方式，简称相控方式。

② 单相桥式相控整流电路。

单相半波可控整流电路因其性能较差，所以在实际中很少采用，在中小功率场合更多的是采用单相相控桥式整流电路。

二维码 1-9　单相桥式相控整流电路的分析

单相桥式相控整流带电阻性负载的电路如图 1-10a 所示，其中 T_r 为整流变压器，VT_1、VT_2、VT_3、VT_4 组成 a、b 两个桥臂，变压器二次电压 u_2 接在 a、b 两点，$u_2 = U_{2m}\sin\omega t$，4 只晶闸管组成整流桥。负载电阻是纯电阻 R。

当交流电源电压 u_2 进入正半周时，两个晶闸管 VT_1、VT_4 同时承受正向电压，在 $\omega t = \alpha$ 时刻给 VT_1 和 VT_4 同时加触发脉冲，则两只晶闸管立即触发导通，电源电压 u_2 将通过 VT_1 和 VT_4 加在负载电阻 R 上，输出电压 $u_\mathrm{d} = u_2$，而此时 VT_2 和 VT_3 均承受反向电压而处于阻断状态。当电源电压 u_2 降到零时，电流 i_d 也降为零，VT_1 和 VT_4 自然关断。

当交流电源电压 u_2 进入负半周时，两个晶闸管 VT_2、VT_3 同时承受正向电压，在 $\omega t = \pi + \alpha$ 时刻，给 VT_2 和 VT_3 同时加触发脉冲，电流经 VT_3、R、VT_2、T_r 二次侧形成回路。在负载两端获得与正半周相同波形的整流电压和电流，在这期间 VT_1 和 VT_4 均承受反向电压而处于阻断状态。一个周期过后，VT_1 和 VT_4 在 $\omega t = 2\pi + \alpha$ 时刻又被触发导通，如此循环。图 1-10b 给出了单相桥式相控整流电路的输出电压、电流和流过晶闸管电流的波形图。

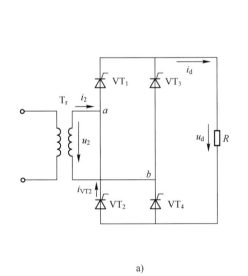

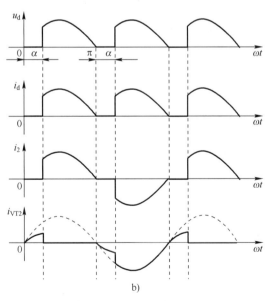

图 1-10　单相桥式相控整流电路带电阻性负载电路

a）原理图　b）工作波形图

由以上电路工作原理可知，在交流电源 u_2 的正、负半周里，VT_1、VT_4 和 VT_2、VT_3 两组晶闸管轮流触发导通，将交流电变为脉动的直流电。改变触发脉冲出现的时刻，即改变 α 的大小，u_d、i_d 波形和平均值随之改变。

整流输出电压的平均值可按下式计算：

$$U_d = \frac{1}{\pi}\int_\alpha^\pi \sqrt{2}\,U_2\sin\omega t\mathrm{d}(\omega t) = \frac{2\sqrt{2}\,U_2}{\pi}\frac{1+\cos\alpha}{2} = 0.9U_2\frac{1+\cos\alpha}{2} \qquad (1\text{-}3)$$

由式（1-3）可知，U_d 为最小值时 $\alpha=180°$，U_d 为最大值时 $\alpha=0°$，所以单相桥式相控整流电路带电阻性负载时，α 的移相范围为 $0°\sim180°$。

（3）电力场效应晶体管（P-MOSFET）

P-MOSFET（Metal Oxide Semiconductor Field Effect Transistor）是一种全控型器件，用栅极电压来控制漏极电流，驱动电路简单，需要的驱动功率小，开关速度快，工作频率高，但是电流容量小，耐压低，一般只适用于功率不超过 10 kW 的电力电子装置。

1）结构与工作原理。P-MOSFET 有漏极 D、源极 S 和栅极 G 3 个极，它的电气图形符号如图 1-11 所示。

当漏源极间加正电源，栅源极间电压为零时，P-MOSFET 处于截止状态。

若在栅源极间加正向电压 U_{GS}，并且使 U_{GS} 大于 U_T（开启电压阈值电压）时，P-MOSFET 开通，漏极和源极之间开始导电。U_{GS} 超过 U_T 越大，导电能力越强，漏极电流越大。

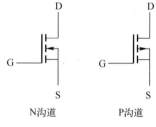

图 1-11　P-MOSFET 的
电气图形符号

2）应用。

① 在可调开关稳压电源方面，若使用 P-MOSFET 器件作为主开关功率器件，则可大幅度提高工作频率，工作频率一般在 200~400 kHz。频率提高可使开关电源的体积减小，重量减轻，成本降低，效率提高。

② 将 P-MOSFET 作为功率变换器件。由于 P-MOSFET 器件可直接用集成电路的逻辑信号驱动，而且开关速度快，工作频率高，大大改善了变换器的功能，因而在计算机接口电路中获得了广泛的应用。

③ 将 P-MOSFET 作为高频的主功率振荡、放大器件，在高频加热、超声波等设备中使用，具有高效、高频、简单可靠等优点。

（4）绝缘栅双极晶体管（IGBT）

绝缘栅双极晶体管（IGBT）作为一种全控型器件，它既有功率 MOSFET 的高速交换功能（工作频率高），又有双极晶体管的高电压、大电流处理能力的新型器件。

1）IGBT 的结构和工作原理。绝缘栅双极晶体管是将 GTR 和 MOSFET 复合，结合两者的优点，具有良好的特性。IGBT 是三端器件，具有栅极 G、集电极 C 和发射极 E。IGBT 的简化等效电路和电气图形符号如图 1-12a、b 所示。

简化等效电路表明，IGBT 是用 GTR 与 MOSFET 组成的达林顿结构，相当于一个由 MOSFET 驱动的晶体管。

其驱动原理与电力 MOSFET 基本相同，IGBT 也是场控器件，通断由栅射极电压 u_{GE} 决定。u_{GE} 大于开启电压 $U_{GE}(\mathrm{th})$ 时，MOSFET 内形成沟道，为晶体管提供基极电流，IGBT 导通。导通后，电导调制效应使电阻 R_N 减小，使通态压降减小。栅射极间施加反压或不加信号时 MOSFET 内的沟道消失，晶体管的基极电流被切断，IGBT 关断。

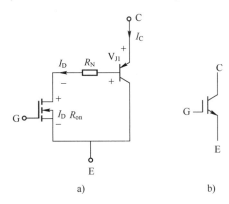

图 1-12　IGBT 简化等效电路和电气图形符号

a) 简化等效电路　b) 电气图形符号

2）应用。IGBT 作为一种全控型器件，它是既有功率 MOSFET 的高速交换功能（工作频率高），又有双极晶体管的高电压、大电流处理能力的新型器件。

二维码 1-10　逆变电路的工作原理

在电力变换电路中，将直流电转变为交流电的过程称为逆变。逆变电路主要是通过开关器件的通断来实现电力变换。开关器件必须具备很好的通断特性，所以逆变电路中会选择全控型电力电子器件组成逆变电路，下面介绍 IGBT 构成的逆变电路的工作原理。

逆变电路的功能是将直流电转换为交流电，首先以单相桥式逆变电路为例（如图 1-13a 所示）说明最基本的工作原理。$S_1 \sim S_4$ 是桥式电路的 4 个臂，由电力电子器件及辅助电路组成。

当开关 S_1、S_4 闭合，S_2、S_3 断开时，负载电压 u_o 为正；当开关 S_1、S_4 断开，S_2、S_3 闭合时，u_o 为负，这样就把直流电变成了交流电。改变两组开关的切换频率，即可改变输出交流电的频率。当负载为电阻负载时，负载电流 i_o 和 u_o 的波形相同，相位也相同。当负载为阻感负载时，i_o 相位滞后于 u_o，波形也不同，如图 1-13b 所示。

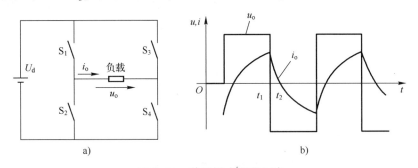

图 1-13　单相桥式逆变电路

a) 原理图　b) 阻感负载时的波形图

① 单相半桥电压型逆变电路。

单相半桥电压型逆变电路的电路原理图以及工作波形图如图 1-14b 所示。在图 1-14a

13

中，直流电压 U_d 加在两个串联的容量足够大的相同电容的两端，并使得两个电容的连接点为直流电源的中性点，即每个电容上的电压为 $U_d/2$。由两个导电臂交替工作使负载得到交变电压和电流，每个导电臂由 1 个电力晶体管与 1 个反并联二极管所组成。

电路工作时，两个电力晶体管 VT_1、VT_2 基极加交替正偏和反偏的信号，两者互补导通与截止。若电路负载为感性，其工作波形如图 1-14b 所示，输出电压为矩形波，幅值为 $U_m = U_d/2$。负载电流 i_o 波形与负载阻抗角有关。VT_1 或 VD_2 导通时，i_o 和 u_o 同方向，直流侧向负载提供能量。VD_1 或 VT_2 导通时，i_o 和 u_o 反向，电感中储能向直流侧反馈。其中 VD_1、VD_2 称为反馈二极管，由于还使 i_o 连续，又称续流二极管。

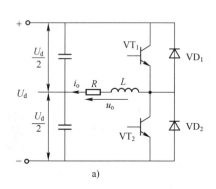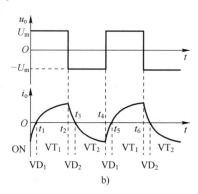

图 1-14　单相半桥电压型逆变电路
a）原理图　b）工作波形图

② SPWM 控制技术。

逆变电路输出的是交流电，逆变电路中开关管的控制一般采用正弦脉宽调制（SPWM）技术，SPWM 控制方式就是对逆变电路开关器件的通断进行控制，使输出端得到一系列幅值相等而宽度不等的脉冲，用这些脉冲来代替正弦波所需要的波形。

二维码 1-11
SPWM 控制技术

这种等效关系源于采样控制理论有这样一个结论：冲量相等而形状不同的窄脉冲加在具有惯性的环节上时，其效果基本相同。冲量即指窄脉冲的面积，效果基本相同是指环节的输出响应波形基本相同。如图 1-15 所示的 4 种窄脉冲形状不同，但面积相同（假如都等于 1）。当它们分别加在同一惯性环节上时，其输出响应基本相同。且脉冲越窄，其输出差异越小。

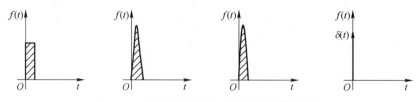

图 1-15　形状不同而冲量相同的各种窄脉冲

根据上述理论，现分析正弦波如何用一系列等幅不等宽的脉冲来代替。如图 1-16 所示是将一个正弦半波分成 N 等份，每一份可看成是一个脉冲，很显然这些脉冲宽度相等，都等于 π/N，但幅值不等，脉冲顶部为曲线，各脉冲幅值按正弦规律变化。

若把上述脉冲序列用同样数量的等幅不等宽的矩形脉冲序列代替，并使矩形脉冲的中点和相应正弦等份脉冲的中点重合，且使两者的面积（冲量）相等，就可以得到如图 1-16 所示的脉冲序列，即 PWM 波形。

可以看出，此时各脉冲的宽度是按正弦规律变化的。根据冲量相等效果相同的原理，PWM 波形和正弦半波是等效的。用同样的方法，也可以得到正弦负半周的 PWM 波形。完整的正弦波用等效的 PWM 波形表示就称为 SPWM 波形。

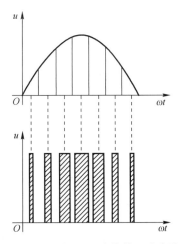

图 1-16 用 PWM 波代替正弦半波

因此，在给出了正弦波频率、幅值和半个周期内的脉冲数后，就可以准确地计算出 SPWM 波形各脉冲宽度和间隔。按照计算结果控制电路中各开关器件的通断，就可以得到所需要的 SPWM 波形。但这种计算非常烦琐，而且当正弦波的频率、幅值等变化时，结果也要变化。

较为实用的方法是采用载波，即把希望的波形作为调制信号，把接受调制的信号作为载波，通过对载波的调制得到所期望的 PWM 波形。通常采用等腰三角波作为载波，因为等腰三角形上下宽度与高度呈线性关系，且左右对称，在任何一个平缓变化的调制信号波相交时，如在交点时刻通过控制电路中开关器件的通断，就可以得到宽度正比于信号波幅值的脉冲，这正好符合 PWM 控制的要求。当调制信号波为正弦波时，所得到的就是 SPWM 波形。

图 1-17 为单相桥式 PWM 逆变电路，负载为电感性，电力晶体管作为开关器件，对电力晶体管的控制方法为：在正半周期，让晶体管 VT_2、VT_3 一直处于截止状态，而让晶体管 VT_1 一直保持导通，晶体管 VT_4 交替通断。

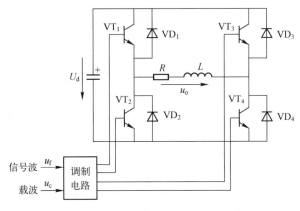

图 1-17 单相桥式 PWM 逆变电路

① 当 VT_1 和 VT_4 都导通时，负载上所加的电压为直流电源电压 U_d。

② 当 VT_1 导通而 VT_4 关断时，由于电感性负载中的电流不能突变，负载电流将通过二极管 VD_3 续流，如果忽略晶体管和二极管的导通压降，则负载上所加电压为零。如负载电流较大，那么直到使 VT_4 再一次导通之前，VD_3 也一直持续导通。如负载电流较快地衰减到零，在 VT_4 再次导通之前，负载电压也一直为零。这样输出到负载上的电压 u_o 就有零和 U_d 两种。

同样在负半周期，让 VT_1、VT_4 一直处于截止状态，而让 VT_2 保持导通，VT_3 交替通断。当 VT_2、VT_3 都导通时，负载电压为 $-U_d$，当 VT_3 关断时，VD_4 续流，负载电压为零。因此在负载上可得到 $-U_d$ 和零两种。

由以上分析可知，通过控制 VT_3 或 VT_4 的通断，就可使负载上得到 SPWM 波形。

（5）智能功率模块（IPM）

智能功率模块（Intelligent Power Module，IPM），是一种先进的功率开关器件，具有 GTR 高电流密度、低饱和电压和耐高压的优点，以及 MOSFET 高输入阻抗、高开关频率和低驱动功率的优点。而且 IPM 内部集成了逻辑、控制、检测和保护电路，使用起来方便，不仅减少了系统的体积以及开发时间，也大大增强了系统的可靠性，朝着模块化、复合化和功率集成电路（PIC）方向发展，在电力电子领域得到了越来越广泛的应用。

1.1.3　交-直-交变频器主电路

1. 交-直-交主电路结构

二维码 1-12　交-直-交变频器主电路结构及各部分作用

交-直-交变频器（Variable Voltage Variable Frequency，简称 VVVF 电源）是由 AC-DC、DC-AC 两类基本的电力变换电路组合形成。

图 1-18 是电压型交-直-交变频器主电路。三相电源的输入端 a、b、c，经过交-直-交电能变换电路的处理，输出频率可调的三相交流电，经输出端 U、V、W 供给电动机。该电路是由整流电路、滤波电路、逆变电路、限流电路以及制动电路构成。

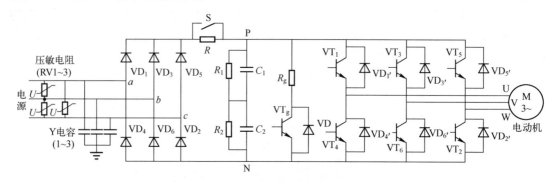

图 1-18　变频器主电路图

2. 交-直-交主电路中典型电路工作分析

（1）整流电路

整流电路的功能是将交流电转换为直流电。整流电路按电源的相数可以分为单相和三相两类。这里以三相整流为例介绍整流电路的工作原理。

1）三相桥式不可控整流电路。

不可控整流电路使用的器件为功率二极管，三相桥式整流电路如图 1-19a 所示。三相桥式整流电路共有 6 只整流二极管，其中 VD_1、VD_3、VD_5 3 只管子的阴极连接在一起，称为共阴极组；VD_4、VD_6、VD_2 3 只管子的阳极连接在一起，称为共阳极组。共阴极组 3 只二极管 VD_1、VD_3、VD_5 在 t_1、t_3、t_5 时刻换相导通；共阳极组 3 只二极管 VD_2、VD_4、VD_6 在

t_2、t_4、t_6时刻换相导通。一个周期内,每只二极管导通 1/3 周期,即导通角为 120°。图 1-19b 给出了三相桥式整流电路输出电压的波形图。

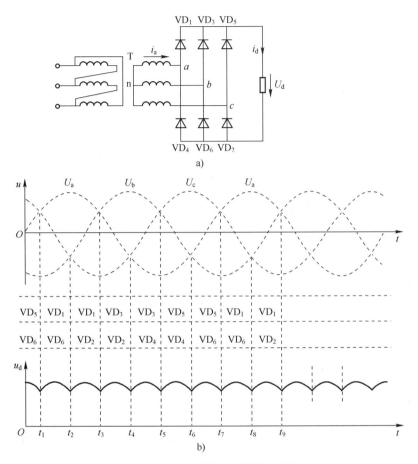

图 1-19 三相桥式不可控整流电路

a) 电路原理图 b) 波形图

2) 三相桥式全控整流电路。

三相桥式全控整流电路由 6 只晶闸管组成,如图 1-20 所示。阴极连接在一起的 3 只晶闸管(VT_1、VT_3、VT_5)构成共阴极组,阳极连接在一起的 3 只晶闸管(VT_2、VT_4、VT_6)构成共阳极组。

二维码 1-14 三相桥式全控整流电路

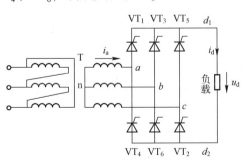

图 1-20 三相桥式全控整流电路原理图

晶闸管的触发延迟角 $\alpha = 0°$ 时的情况：对于共阴极组的 3 只晶闸管，阳极所接交流电压值最大的一个导通，对于共阳极组的 3 只晶闸管，阴极所接交流电压值最小的导通。任意时刻共阳极组和共阴极组中各有 1 只晶闸管处于导通状态。

从相电压波形（见图 1-21）看，当共阴极组晶闸管导通时，u_{d1} 为相电压的正包络线，当共阳极组导通时，u_{d2} 为相电压的负包络线，$u_d = u_{d1} - u_{d2}$ 为线电压在正半周的包络线。

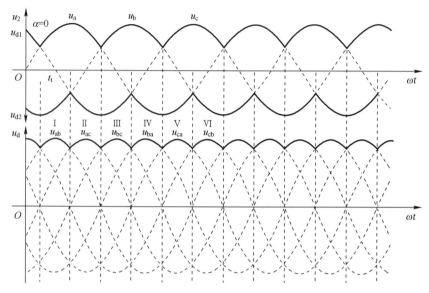

图 1-21　三相桥式全控整流电路带电阻负载 $\alpha = 0°$ 时的波形

三相桥式全控整流电路带电阻负载（$\alpha = 0°$）时晶闸管工作情况见表 1-3。

表 1-3　三相桥式全控整流电路带电阻负载（$\alpha = 0°$）时晶闸管工作情况

时　　段	I	II	III	IV	V	VI
共阴极组中导通的晶闸管	VT_1	VT_1	VT_3	VT_3	VT_5	VT_5
共阳极组中导通的晶闸管	VT_6	VT_2	VT_2	VT_4	VT_4	VT_6
整流输出电压 u_d	$u_a - u_b = u_{ab}$	$u_a - u_c = u_{ac}$	$u_b - u_c = u_{bc}$	$u_b - u_a = u_{ba}$	$u_c - u_a = u_{ca}$	$u_c - u_b = u_{cb}$

三相桥式全控整流电路的特点：

① 两管同时导通形成供电回路，其中共阴极组和共阳极组中各 1 个，且不能为同一相器件。

② 对触发脉冲的要求：按 $VT_1 \rightarrow VT_2 \rightarrow VT_3 \rightarrow VT_4 \rightarrow VT_5 \rightarrow VT_6$ 的顺序，相位依次差 60°，共阴极组 VT_1、VT_3、VT_5 的脉冲依次差 120°，共阳极组 VT_2、VT_4、VT_6 也依次差 120°；同一相的上下两个桥臂，即 VT_1 与 VT_4，VT_3 与 VT_6，VT_5 与 VT_2，脉冲相差 180°。

③ u_d 一周期脉动 6 次，每次脉动的波形都一样，故该电路为 6 脉波整流电路。

④ 保证同时导通的两只晶闸管均有脉冲可采用两种方法：一种是宽脉冲触发，另一种是双脉冲触发（常用）。

$\alpha = 30°$ 时的工作情况：与 $\alpha = 0°$ 时相比，此时晶闸管起始导通时刻推迟了 30°，组成 u_d 的每一段线电压因此推迟 30°。从 ωt_1 开始把一周期等分为 6 段，u_d 波形仍由 6 段线电压构成，每一段导通晶闸管的编号仍符合表1-3的规律。三相桥式全控整流电路带电阻负载 $\alpha=30°$ 时的波形如图1-22所示。

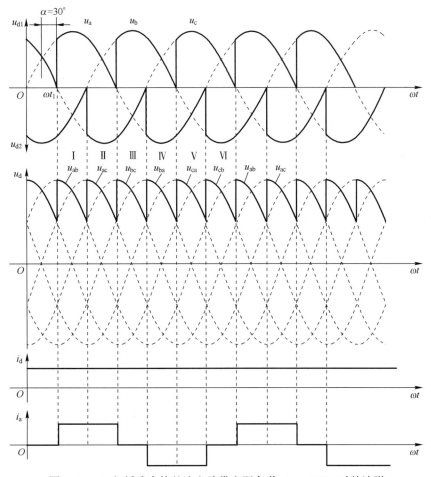

图1-22　三相桥式全控整流电路带电阻负载（$\alpha=30°$）时的波形

变压器二次电流 i_a 波形的特点：在 VT_1 处于通态的120°期间，i_a 为正，i_a 波形的形状与同时段的 u_d 波形相同，在 VT_4 处于通态的120°期间，i_a 波形的形状也与同时段的 u_d 波形相同，但为负值。

（2）逆变电路

在交-直-交变频系统中，根据直流滤波方式的不同，逆变器可分为电压型与电流型两种。电压型主要采用大电容滤波，逆变器的直流电源阻抗小，类似于电压源，逆变输出的电压比较平直，波形为交变矩形波，而输出电流接近正弦波。电流型则主要采用大电感滤波，电源呈现高阻抗，类似于电流源。表1-4列出了电压型和电流型逆变器的特点。

表1-4　电压型和电流型逆变器的特点

变频器类别 比较项目	电 压 型	电 流 型
直流回路滤波环节 （无功功率缓冲环节）	电容器	电抗器

比较项目 \ 变频器类别	电 压 型	电 流 型
输出电压波形	矩形波	取决于负载，对异步电动机负载近似为正弦波
输出电流波形	取决于负载的功率因数，有较大的谐波分量	矩形波
输出阻抗	小	大
回馈制动	需在电源侧设置反并联逆变器	方便，主电路不需附加设备
调速动态响应	较慢	快
对晶闸管的要求	关断时间要短，对耐压要求一般要低	耐压高，对关断时间无特殊要求
适用范围	多电动机拖动，稳频稳压电源	单电动机拖动，可逆拖动

三相桥式电压型逆变电路的电路结构如图 1-23 所示。三相桥式逆变电路可以看成是由 3 个半桥逆变电路组成，采用电力晶体管作为开关器件，由 6 个桥臂组成。

二维码 1-15　三相逆变电路

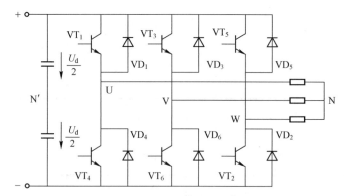

图 1-23　三相桥式电压型逆变电路

对于 U 相输出来说，当 VT_1 导通时，$u_{UN'} = U_d/2$，当 VT_4 导通时，$u_{UN'} = -U_d/2$，$u_{UN'}$ 的波形是幅值为 $U_d/2$ 的矩形波，V、W 两相的情况和 U 相类似。

负载线电压 u_{UV}、u_{VW}、u_{WU} 可由下式求出：

$$\left. \begin{array}{l} u_{UV} = u_{UN'} - u_{VN'} \\ u_{VW} = u_{VN'} - u_{WN'} \\ u_{WU} = u_{WN'} - u_{UN'} \end{array} \right\} \tag{1-4}$$

负载各相的相电压分别为

$$\left. \begin{array}{l} u_{UN} = u_{UN'} - u_{NN'} \\ u_{VN} = u_{VN'} - u_{NN'} \\ u_{WN} = u_{WN'} - u_{NN'} \end{array} \right\} \tag{1-5}$$

把上面各式相加并整理可得

$$u_{NN'} = \frac{1}{3}(u_{UN'} + u_{VN'} + u_{WN'}) - \frac{1}{3}(u_{UN} + u_{VN} + u_{WN}) \tag{1-6}$$

设负载为三相对称负载，则有 $u_{UN}+u_{VN}+u_{WN}=0$，故可得

$$u_{NN'}=\frac{1}{3}\left(u_{UN'}+u_{VN'}+u_{WN'}\right) \qquad (1-7)$$

其工作波形如图 1-24 所示。

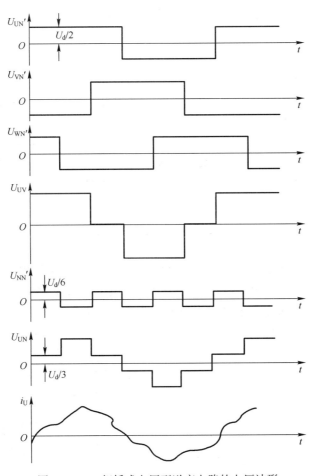

图 1-24　三相桥式电压型逆变电路的电压波形

电压型逆变电路的特点：

① 直流侧为电压源或并联大电容，直流侧电压基本无脉动。

② 输出电压为矩形波，输出电流因负载阻抗不同而不同。

③ 阻感负载时需提供无功功率。为了给交流侧向直流侧反馈的无功功率提供通道，逆变桥各臂上并联反馈二极管。

（3）中间电路

变频器的中间电路有滤波电路和制动电路等不同的形式。

1）滤波电路。

虽然利用整流电路可以从电网的交流电源得到直流电压或直流电流，但是这种电压或电流中含有的频率为电源频率的 6 倍的纹波，则逆变后的交流电压、电流也将产生纹波。因

此，必须对整流电路的输出进行滤波，以减少电压或电流的波动，这种电路称为滤波电路。

① 电容滤波。

通常用大容量电容对整流电路输出电压进行滤波。由于电容量比较大，一般采用电解电容。

在电源接通时，二极管整流器的电容中将流过较大的充电电流（亦称浪涌电流），有可能烧坏二极管，必须采取相应措施。图 1-25 给出几种抑制浪涌电流的方式。

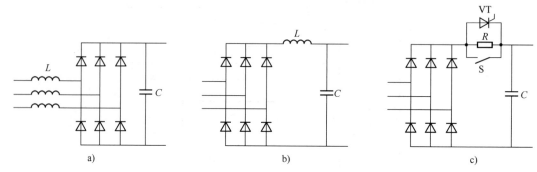

图 1-25　抑制浪涌电流的方式

a）电容滤波　b）LC 滤波　c）可控滤波

采用大电容滤波后再送给逆变器，这样可使加于负载上的电压值不受负载变动的影响，基本保持恒定。该变频电源类似于电压源，因而称为电压型变频器。电压型变频器的电路框图如图 1-26 所示。电压型变频器逆变电压波形为方波，而电流的波形经电动机负载的滤波后接近于正弦波，如图 1-27 所示。

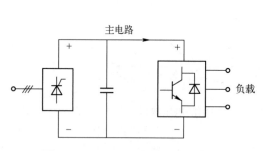

图 1-26　电压型变频器的电路框图

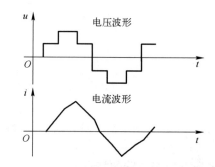

图 1-27　电压型变频器的电压和电流波形

② 电感滤波。

采用大容量电感对整流电路输出电流进行滤波，称为电感滤波。由于经电感滤波后加于逆变器的电流值稳定不变，所以输出电流基本不受负载的影响，电源外特性类似电流源，因而称为电流型变频器。图 1-28 所示为电流型变频器的电路框图。图 1-29 所示为电流型变频器的输出电压及电流波形。

2）制动电路。

利用设置在直流回路中的制动电阻吸收电动机的再生电能的方式称为动力制动或再生制动。图 1-30 为制动电路的原理图。

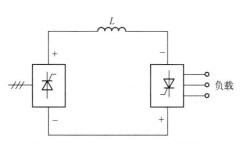

图 1-28　电流型变频器的电路框图　　图 1-29　电流型变频器的输出电压及电流波形

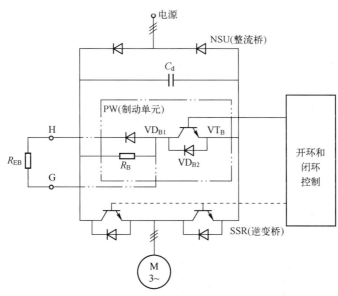

图 1-30　制动电路的原理图

3. 交-直-交主电路主要元器件及其作用

（1）压敏电阻

作用：主要用于各种电器设备的保护，以防雷击或过电压。

对于变频器主电路中选用的压敏电阻的压敏电压范围为 738~902 V。其工作特性如图 1-31a 所示，其外形如图 1-31b 所示。变频器电源输入侧每两相之间连接压敏电阻，当电压突变有毛刺或尖峰电压大于一定值时，压敏电阻的电阻值下降到零，这时，电源短路，断路器断开，这样就防止了因过电压而损坏变频器。

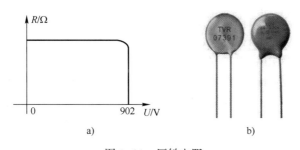

图 1-31　压敏电阻

a）工作特性　b）外形

（2）Y 电容

Y 电容跨接在相线与地之间，位于变频器输入端，主要用于抗电磁干扰和过滤高次谐波。Y 电容外形如图 1-32 所示。

图 1-32　Y 电容

（3）整流模块

在交-直-交变频器中，整流模块主要是将输入的三相交流电整流成直流电。输入的三相交流电压为 380 V，经整流模块输出的直流电压在 513~537 V 之间。

对于三相桥式整流电路的 6 只整流二极管，目前都是将 6 只管子封装为一体，构成整流桥，该整流桥为五端器件，其外形与引脚以及内部结构如图 1-33a 和 b 所示。

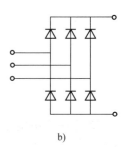

a)　　　　　　　　　　　　　　　　　　　　　　b)

图 1-33　整流桥
a）外形与引脚　b）内部结构

（4）滤波电容

滤波电容在变频器的直流侧起滤波作用，变频器直流侧的滤波电容额定电压一般选取 400 V 系列，整流出的直流电压在 500 多伏，因此选用两个电容串联进行滤波。滤波电容的外形如图 1-34 所示。

（5）均压电阻

变频器直流侧的滤波电容是电解电容，电解电容电容量的离散性很大，即使同一个厂家，同一批次，同一型号的电解电容的电容量上下相差 20% 都是合格的，这样滤波电容在充电的过程中，其两组（两个）电容器两端电压分配不平衡，导致电容器寿命不一致。因此在滤波电容两端会并联电阻，使其电压平衡，电阻可以做成均压，保证均压效果。均压电阻的外形如图 1-35 所示，其颜色一般是白色的。

图1-34　滤波电容　　　　　　　　　　　　图1-35　均压电阻

（6）限流电阻

如图1-36所示，从滤波电容的充电特性可知，电容在刚开始充电时，充电电流很大，若不限制此时电流的大小，会将整流电路元器件烧坏，因此在充电回路中，加入了限流电阻，用以限制充电电流。其外形如图1-37所示，其外壳是铝材料，便于散热。

图1-36　电容充电中的电流特性　　　　　　　图1-37　限流电阻

（7）短接限流电阻的接触器

若限流电阻不短接，当变频器的输出接入负载工作时，由于限流电阻分压，造成直流侧母线P、N之间电压低于要求电压（500多伏），变频器将会出现欠电压故障，影响工作。因此当滤波电容充满电后，变频器内部CPU检测到其端电压大于500多伏时，就会发出24V直流电压触发接触器，使其触点K闭合，短接限流电阻。接触器外形如图1-38所示。

（8）制动电阻

当变频器驱动的电动机转子转速大于定子旋转磁场转速时，电动机处于发电状态，这样，就会通过逆变单元中的续流二极管向直流侧供电，若变频器无制动单元，则直流侧母线P、N之间的电压就会泵升，一般可以达到700多伏，这样就发生过电压，变频器触发过电压保护而停止工作，为了消除因电动机发电引起的过电压，变频器主电路中加入了制动单元。当CPU检测到直流侧母线P、N之间的电压超过700多伏时，就会触发开关器件VT_g、VT_g而接通，这样制动电阻以发热的形式将这一部分能量消耗掉。

（9）逆变模块

逆变模块是变频器主电路中很重要的单元，这一部件价格贵，又对温度敏感，因此变频器中的风扇、散热铝板以及测温模块都是为了保护此模块。逆变模块的外形如图1-39所示。它是由两个IGBT构成，三个接线端中两个端子接直流侧母线P、N端，另一端接电动机，两个螺母处是两个IGBT的门极。对于三相交流电动机的驱动，逆变单元需要三个这样的逆变模块。

图 1-38　接触器　　　　　　　　　　　　图 1-39　逆变模块

1.1.4　思考与练习

一、单选题

1. 电力电子器件一般工作在 (　　) 状态。

A. 开关　　　　　　B. 放大　　　　　　C. 饱和　　　　　　D. 截止

2. 从控制类型角度，晶闸管属于 (　　) 器件。

A. 不可控　　　　　B. 半控型　　　　　C. 全控型　　　　　D. 电压控制型

3. 单相半波整流电路中，晶闸管触发延迟角 α 的移相范围 (　　)。

A. 0~90°　　　　　B. 0~180°　　　　　C. 90°~180°　　　　D. 0~45°

4. 在交-直-交变频器主电路中，将交流电转换为直流电的单元电路是 (　　)。

A. 整流电路　　　B. 滤波电路　　　　C. 制动电路　　　　D. 逆变电路

5. 在交-直-交变频器主电路中，将直流电转换为交流电的单元电路是 (　　)。

A. 整流电路　　　B. 滤波电路　　　　C. 制动电路　　　　D. 逆变电路

6. 在交-直-交变频器主电路中，将脉动的直流电转换为平滑直流电的单元电路是 (　　)。

A. 整流电路　　　　B. 滤波电路　　　　C. 制动电路　　　　D. 逆变电路

7. 在交-直-交变频器主电路中，吸收负载反馈能量的单元电路是 (　　)。

A. 整流电路　　　B. 滤波电路　　　　C. 制动电路　　　　D. 逆变电路

8. 三相桥式整流电路由 (　　) 个开关管组成。

A. 3　　　　　　　B. 4　　　　　　　C. 6　　　　　　　D. 9

9. 三相桥式整流电路输出 (　　) 个脉冲直流电。

A. 3　　　　　　　B. 4　　　　　　　C. 6　　　　　　　D. 9

二、简答题

1. 写出交流异步电动机的转速公式，说明各种调速方法及特点。

2. 说明变频器应用在风机和水泵类负载中的节能作用。

3. 说明变频器在电动机起动/停止运行性能方面的改善及作用体现。

4. 说明变频器在自动控制方面的作用。

5. 说明变频器的分类。

6. 说明电力电子器件特性。

7. 电力电子器件按可控程度可分为哪三类？列举每一类对应的代表器件。

8. 说明表 1-5 中电力电子器件的结构、符号、导通关断条件、耐压程度、工作频率。

表 1-5　电力电子器件工作特性说明

名　　称	文字符号	电气图形符号	导通关断条件	耐压程度	工作频率
电力二极管					
晶闸管					
电力场效应晶体管					
绝缘栅电力场效应晶体管					

9. 根据图 1-40a 单相桥式相控整流电路，在图 1-40b 中画出输出电压 u_d 波形，并分析输出电压 u_d 的大小与哪些因素有关？u_d 调节范围有多大？

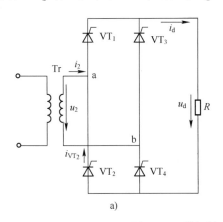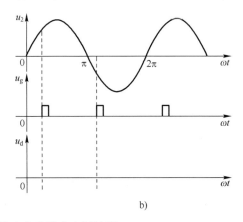

图 1-40　单相桥式相控整流电路输出电压波形

a）单相桥式相控整流电路　b）输出电压 u_d 波形分析

10. 什么是 SPWM 控制技术？

11. 说明电压型交-直-交变频器主电路中各单元电路的作用？电源输入到输出驱动电动机，说明其中电信号的变化过程？

12. 在电压型交-直-交变频器主电路（图 1-18）中，说明以下几种情况对电路的影响：

1）若 $VD_1 \sim VD_6$ 中有一个二极管虚焊断开。

2）若开关触点长期使用被熔焊。

3）若电容 C_1、C_2 容量变化，分担电压不均。

4）若电容被击穿。

5）若电阻 R_g 损坏。

6）若 $VD_1 \sim VD_6$ 中有一个二极管虚焊断开。

项目 1.2　变频器的基本操作

【学习目标】

- 掌握 MM440 变频器端子类型及各端子的作用。
- 了解 MM440 变频器 I/O 板的拆卸方法。
- 熟悉 MM440 变频器 BOP 操作面板按键及功能。

- 了解 MM440 变频器参数的类型。
- 掌握 MM440 变频器的参数浏览、修改、确认方法。
- 掌握 MM440 变频器的调试步骤。
- 掌握 MM440 变频器的参数复位意义及方法。
- 掌握 MM440 变频器的快速调试意义及方法。

【资格认证】

- 能识别变频器电源输入端/输出端以及控制端子。
- 能识别变频器操作面板。
- 能根据用电设备要求，参照变频器使用手册，设置变频器参数。
- 会进行变频器恢复出厂设置以及快速调试。

【项目引入】

变频器除了主电路电源输入端/输出端，还具有一些控制端子，例如：模拟量输入端、数字量输入端、模拟量输出端、数字量输出端、通信端等。变频器控制端子需要正确地设置相应的功能参数，熟知变频器的端子、操作面板、参数的设置方法以及变频器的调试步骤，它们是使用变频器的基础。

【任务描述】

1）拆卸和安装 MM440 变频器的 I/O 板。

2）设计变频器主电路、开关量端子驱动电路、电位器可调模拟信号接收电路、用继电器输出端子实现的监控电路。

3）认识基本操作面板构成、参数类型，掌握 MM440 变频器基本调试步骤。

4）基本操作面板上学会参数的查找，参数值的浏览、修改、设置方法。

5）基本操作面板上学会 MM440 变频器参数复位、快速调试的方法。

1.2.1 变频器端子

1. MM440 变频器端子

MM440 变频器的电路分为两大部分：一部分是完成电能转换（整流、逆变）的主电路；另一部分是处理信息的收集、变换和传输的控制电路。对于这两部分电路，相应的变频器引出端子接线图如图 1-41 所示。

（1）主电路端子

二维码 1-16
MM440 变频器端子

MM440 变频器的主电路用于完成电力变换。电源输入端子（L1、L2、L3）接收三相恒压恒频的正弦交流电压，经整流电路转换成恒定的直流电压，供给逆变电路，逆变电路在 CPU 的控制下，将恒定的直流电压逆变成电压和频率均可调的三相交流电，经输出端子（U、V、W）供给电动机。由图 1-41 可知，MM440 变频器直流环节采用电容滤波，属于电压型交-直-交变频器。

（2）控制电路端子

1）内部电源端子。

MM440 变频器主电路输入电源接通后，MM440 变频器内部提供了两种电源：一种是高精度的 10 V 直流稳压电源，由端子 1、2 输出；另一种是 24 V 直流电压，由端子 9、28 输出。

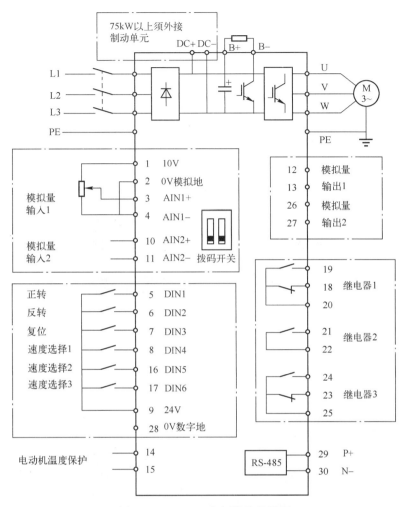

图 1-41　MM440 变频器的接线图

2）模拟量输入端子。

MM440 变频器为用户提供了两路模拟量通道，一路是 3、4 端子，另一路是 10、11 端子，这两路都可以用于接收模拟量信号，作为变频器的给定信号来调节变频器的运行频率。

3）数字量输入端子。

MM440 变频器为用户提供了 6 个完全可编程的数字输入端，分别是 5、6、7、8、16、17，这些端子外接开关信号接收数字信号，数字量输入信号经光电耦合隔离输入 CPU，对电动机进行正反转控制、正反向点动控制、固定频率设定值控制等。

4）模拟量输出端子。

MM440 变频器有两路模拟量输出，一路是端子 12、13，另一路是端子 26、27，这两路模拟量输出信号可以用于监测变频器的运行频率、电压和电流等信号。

5）数字量输出端子。

MM440 变频器有三组继电器输出，第一组是 18、19、20，第二组是 21、22，第三组是23、24、25，如图 1-41 可知，第一组和第三组是复合开关输出。这三组继电器输出的数字信号用于监测变频器的运行状态，例如变频器准备就绪、起动、停止和故障等状态。

6）保护端子。

MM440 变频器的输入端子 14、15 为电动机过热保护输入端。

7）通信端子。

MM440 变频器端子 29、30 为通信端子，通信协议为 RS-485，控制设备（如 PLC）通过 RS-485 通信接口控制变频器。

2. 拆装 MM440 变频器 I/O 板

1）取下变频器的下端盖。

2）按下图 1-42 所示位置，取下变频器的操作面板。

图 1-42　操作面板拆卸

3）使用"一字"螺钉旋具，如图 1-43 所示，撬开 I/O 板右上角的卡子，即可拆下 I/O 板。

图 1-43　I/O 板拆卸

4）显示 I/O 板接口。

I/O 板主要负责数字量和模拟量信号的采集，图 1-44 中①处是 I/O 板与操作面板的接口，②处是变频器模拟量输入通道接收信号类型设置的拨动开关 DIP，其有两个，分别针对变频器的两路模拟量通道设置。

1.2.2　面板操作

MM 440 变频器在标准供货方式时装有状态显示屏（SDP），对于很多用户来说，利用 SDP 和制造厂的默认设置值，就可以使变频器成功地投入运行。如果工厂的默认设置值不适合设备情况，则可以利用基本操作板（BOP）或高级操作板（AOP）

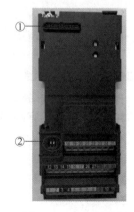

图 1-44　I/O 接口

修改参数，使之匹配。

1. 状态显示屏（SDP）的操作

状态指示屏（SDP）上有两个 LED 指示灯，用于指示变频器的运行状态，SDP 如图 1-45 所示。表 1-6 为变频器的运行状态指示情况。

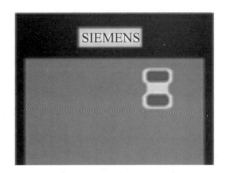

图 1-45　状态显示屏（SDP）

表 1-6　变频器运行状态指示情况表

LED 指示灯的状态		变频器的运行状态
绿色指示灯	黄色指示灯	
OFF	OFF	电源未接通
ON	ON	准备运行
ON	OFF	变频器正在运行

使用变频器上装设的 SDP 可进行以下操作：起动和停止电动机（数字量输入 DIN1 由外接开关控制）、电动机反向（数字量输入 DIN2 由外接开关控制）、故障复位（数字量输入 DIN3 由外接开关控制）。按图 1-46 连接模拟量输入信号，即可实现对电动机速度的控制。

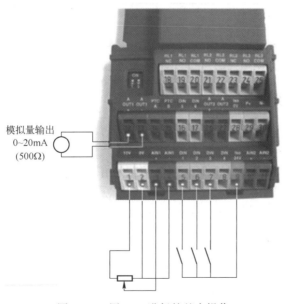

图 1-46　用 SDP 进行的基本操作

采用 SDP 进行操作时，变频器的预设必须与以下的电动机数据兼容：电动机的额定功率、额定电压、额定电流和额定频率（建议采用西门子的标准电动机）。

此外，必须满足以下条件：

① 按照线性 U/f 控制特性，由模拟量电位计控制电动机速度。

② 频率为 50 Hz 时最大转速为 3000 r/min（60 Hz 时为 3600 r/min），可通过变频器的模拟量输入端用电位计控制。

③ 斜坡上升时间/斜坡下降时间为 10 s。

2. 基本操作面板（BOP）的操作

基本操作面板（BOP）如图 1-47 所示。利用基本操作面板（BOP）可以更改变频器的各个参数。为了用 BOP 设置参数，首先必须将 SDP 从变频器上拆卸下来，然后装上 BOP。BOP 具有 5 位数字的七段显示，用于显示参数的序号和数值、报警和故障信息、以及该参数的设定值和实际值。BOP 不能存储参数的信息。BOP 上的按键及其功能说明见表 1-7。

二维码 1-17　变频器面板和参数的识知

图 1-47　基本操作面板（BOP）

表 1-7　基本操作面板（BOP）上的按键及其功能说明

显示/按钮	功能	功能描述
`r0000`	状态显示	LCD 显示屏用于显示变频器当前的设定值
Ⅰ	起动电动机	按此键起动变频器。默认值运行时此键是被封锁的。为了使此键的操作有效，应设定 P0700=1
0	停止电动机	OFF1：按此键，变频器将按选定的斜坡下降速率减速停车。默认值运行时此键被封锁；为了允许此键操作，应设定 P0700=1 OFF2：按此键两次（或一次，但时间较长），电动机将在惯性作用下自由停车。此功能总是"使能"的
⟳	改变电动机的转动方向	按此键可以改变电动机的转动方向。电动机的反向用负号（-）表示，或用闪烁的小数点表示。默认值运行时此键是被封锁的，为了使此键的操作有效，应设定 P0700=1
jog	电动机点动	在变频器无输出的情况下按此键，将使电动机起动，并按预设定的点动频率运行。释放此键时，变频器停车。如果变频器或电动机正在运行，按此键将不起作用

显示/按钮	功能	功能 描 述
	功能	此键用于浏览辅助信息 变频器运行过程中，在显示任何一个参数时按下此键并保持不动2s，将显示以下参数值： 1. 直流回路电压（用d表示，单位为V） 2. 输出电流（单位为A） 3. 输出频率（单位为Hz） 4. 输出电压（用O表示，单位为V） 5. 由P0005选择显示的数值（如果P0005选择显示上述参数中的任何一个（3、4或5），这里将不再显示） 连续多次按下此键，将轮流显示以上参数 跳转功能：在显示任何一个参数（rXXXX或PXXXX）时短时间按下此键，将立即跳转到r0000，如果需要的话，可以接着修改其他的参数。跳转到r0000后，按此键将返回原来的显示点 退出：在出现故障或报警的情况下，按此键可以将操作板上显示的故障或报警信息复位
	访问参数	按此键即可访问参数
	增加数值	按此键即可增加面板上显示的参数数值
	减少数值	按此键即可减少面板上显示的参数数值

3. 高级操作面板（AOP）的操作

高级操作面板（AOP）如图1-48所示。高级操作面板（AOP）是可选件。它具有以下特点。

图1-48 高级操作面板（AOP）

① 多种语言文本显示。

② 多个参数组的上装和下载功能。

③ 可以通过PC编程。

④ 具有连接多个站点的能力，最多可以连接 30 台变频器。

1.2.3　参数的预置与调试

1. 变频器的参数说明

变频器控制电动机运行，其各种性能和运行方式的实现均需要通过设定变频器参数实现，不同的参数都定义为某一具体功能，变频器参数的多少体现在功能上也是不一样的。正确地理解并设置这些参数是应用变频器的基础。

变频器的参数只能用基本操作面板（BOP）、高级操作面板（AOP）或者通过串行通信接口进行修改。MM440 变频器的参数格式包括参数号、参数名称、参数的调试状态、用户访问级、数据类型、单位、最大值、最小值、默认值、参数组、使能有效等。

1）参数号：是指该参数的编号。参数号用 0000~9999 的 4 位数字表示。在参数号的前面冠以一个小写字母"r"时，表示该参数是"只读"的参数，其他所有参数号的前面都冠以一个大写字母"P"。这些参数的设定值可以直接在标题栏的"最小值"和"最大值"范围内进行修改。[下标] 表示该参数是一个带下标的参数，并且指定了下标的有效序号。

2）参数名称：是指该参数的名称。有些参数名称的前面冠以缩写字母 BI、BO、CI 和 CO，其意义如下。

① BI＝：二进制数据方式互连输入，表示该参数可以选择和定义输入的二进制数据信号。

② BO＝：二进制数据方式互连输出，表示该参数可以选择输出的二进制数据信号，或作为用户定义的二进制信号输出。

③ CI＝：模拟量互连输入，表示该参数可以选择和定义输入的模拟量数据信号。

④ CO＝：模拟量互连输出，表示该参数可以选择输出的模拟量数据信号，或作为用户定义的模拟量信号输出。

⑤ CO/BO＝：模拟量/二进制数据互连输出，表示该参数可以用于模拟量信号，或二进制数据信号输出，或由用户定义。

3）Cstat：是指参数的调试状态。有三种状态：调试（C）、运行（U）和准备运行（T）。该参数在何时允许进行修改。对于该参数，可以指定为一种、两种或者全部三种状态。如果三种状态都指定了，就表示这一参数的设定值在变频器的上述三种状态下都可以进行修改。

4）使能有效：表示该参数是否可以立即修改，或者通过按下操作面板上的 Ⓟ "确认"键以后才能使新输入的数据有效，即确认该参数。

5）数据类型：包括 U16，16 位无符号数；U32，32 位无符号数；I16，16 位整数；I32，32 位整数；Float，浮点数。

6）最小值：是指该参数可能设置的最小数值。

7）最大值：是指该参数可能设置的最大数值。

8）默认值：是指该参数的默认数据，如果用户不对该参数指定数值，变频器在采用出厂时设定的这一数值作为该参数的值。

9）参数组：是指具有特定功能的一组参数。参数 P0004（参数过滤器）的作用是根据所选定的一组功能，对参数进行过滤（或筛选），并集中对过滤出的一组参数进行访问。

P0004 参数功能见表 1-8。

表 1-8　P0004 参数功能表

参数设定值	参数功能
P0004 = 0	全部参数
P0004 = 2	变频器参数
P0004 = 3	电动机参数
P0004 = 4	速度传感器参数
P0004 = 5	工艺应用对象/装置
P0004 = 7	命令、二进制 I/O
P0004 = 8	模拟量 I/O
P0004 = 10	设定值通道和斜坡函数发生器参数
P0004 = 12	驱动装置的特征
P0004 = 13	电动机的控制参数
P0004 = 20	通信
P0004 = 21	报警、警告和监控参数
P0004 = 22	PI 控制器参数

10) 用户访问级别：用户访问级别是指允许用户访问参数的等级。变频器共有 4 个访问等级：标准级、扩展级、专家级和维修级。每个功能组中包含的参数取决于参数 P0003（用户访问等级）设定的访问等级。P0003 参数功能见表 1-9。

表 1-9　P0003 参数功能表

参数设定值	参数功能
P0003 = 0	用户定义的参数表
P0003 = 1	标准级
P0003 = 2	扩展级
P0003 = 3	专家级
P0003 = 4	维修级

在进行参数查找或设置时，若查不到相应的参数，有可能是设置的访问级别低（参数 P0003 出厂值为 1），此时可以看一下参数 P0003 的值，将其值增加。建议对于学习者，可以将参数设置为 3。

2. 使用操作面板设置变频器的参数

（1）设置普通变频器参数

以更改参数 P0004 数值为例，说明变频器普通参数的设置方法。具体步骤见表 1-10。

表 1-10　设置参数 P0004 数值的步骤

操作步骤	显示结果
1. 按 Ⓟ 键访问参数	⌐0000

操 作 步 骤	显 示 结 果
2. 按 🔼 键直到显示出 P0004	P0004
3. 按 🅿 键进入参数访问等级的设置	0
4. 按 🔼 或 🔽 键达到所需要的数值	7
5. 按 🅿 键确认并存储参数的数值	P0004
6. 使用者只能看到电动机有关的参数	—

（2）设置变频器的下标参数

以更改参数 P0719 数值为例，说明变频器下标参数的设置方法，具体步骤见表 1-11。

表 1-11　更改参数 P0719 数值的步骤

操 作 步 骤	显 示 结 果
1. 按 🅿 键访问参数	r0000
2. 按 🔼 键直到显示出 P0719	P0719
3. 按 🅿 键进入参数访问等级的设置	In000
4. 按 🅿 键显示参数的当前值	0
5. 按 🔼 或 🔽 键达到所需要的数值	12
6. 按 🅿 键确认并存储参数的数值	P0719
7. 按 🔽 键直到显示参数 r0000	r0000
8. 按 🅿 键返回标准的变频器显示（由用户定义）	

P0719[0]表示第 0 组参数，在 P0719 参数下 In000 设置，P0719[1]表示第 1 组参数，在 P0719 参数下 In001 设置。

修改变频器的参数值时有时会出现 f busy 图标，表明变频器正在处理优先级别更高的任务。

（3）设置变频器参数数值中的某一位数字

在设置变频器的参数中会遇到只需要修改参数中的某一位数字，为了快速修改参数中的一个数字，可以一个个逐一选中显示参数中的每一位数字，然后根据需要修改其中的各个数字，具体操作步骤是：首先进入到需要修改的参数访问等级的设置状态；接着按 🆑 键（功能键），最右面的一个数字闪烁，可以按 🔼 或 🔽 键修改这位数字的数值；接着再按 🆑 键

（功能键），相邻左面的一个数字闪烁，表示该位数字可以被修改；以此方法可以完成每一位数字的修改，直到显示出所需的数值；最后按 键可以退出该参数访问等级的设置。

3. 变频器的调试

通常一台新的 MM440 变频器一般需要经过如下 3 个步骤进行调试：参数复位、快速调试和功能调试。

（1）参数复位

参数复位是将变频器的参数恢复到出厂时的参数默认值。一般在变频器初次调试，或者参数设置混乱时，需要执行该操作，以便于将变频器的参数值恢复到一个确定的默认状态。具体的操作步骤如图 1-49 所示。

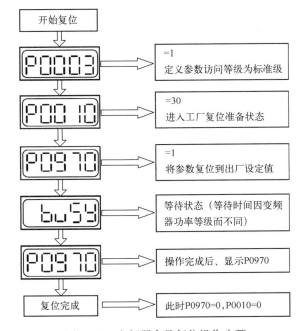

图 1-49　变频器参数复位操作步骤

在参数复位完成后，需要进行快速调试。根据电动机和负载具体特性，以及变频器的控制方式等信息进行必要的设置之后，变频器就可以驱动电动机工作了。

（2）快速调试

快速调试时需要用户输入电动机相关的参数和一些基本驱动控制参数，使变频器可以良好地驱动电动机运转。一般在复位操作后，或者更换电动机后需要进行此操作。变频器快速调试的步骤见表 1-12。

表 1-12　变频器的快速调试步骤

参数号	参 数 描 述	推荐设置
P0003	设置参数访问等级： =1，标准级（只需要设置最基本的参数） =2，扩展级 =3，专家级	3

参数号	参 数 描 述	推荐设置
P0010	=1，快速调试。注意： ① 只有在 P0010＝1 的情况下，电动机的主要参数才能被修改，如：P0304，P0305 ② 只有在 P0010＝0 的情况下，变频器才能运行	1
P0100	选择电动机的功率单位和电网频率： =0，单位为 kW，频率 50 Hz =1，单位为 hp（1 马力=0.746 kW），频率 60 Hz =2，单位为 kW，频率 60 Hz	0
P0205	变频器应用对象： =0，恒转矩（压缩机和传送带等） =1，变转矩（风机和泵类等）	0
P0300[0]	选择电动机类型： =1，异步电动机 =2，同步电动机	1
P0304[0]	电动机额定电压： 注意电动机实际接线（Y/△）	根据电动机铭牌
P0305[0]	电动机额定电流 注意电动机实际接线（Y/△）；如果驱动多台电动机，P0305 的值要大于电流总和	根据电动机铭牌
P0307[0]	电动机额定功率 如果 P0100＝0 或 2，单位为 kW 如果 P0100＝1，单位为 hp	根据电动机铭牌
P0308[0]	电动机功率因数	根据电动机铭牌
P0309[0]	电动机的额定效率，注意： 如果 P0309 设置为 0，则变频器自动计算电动机效率 如果 P0100 设置为 0，则看不到此参数	根据电动机铭牌
P1000[0]	设置频率给定源： =1，BOP 电动电位计给定（面板） =2，模拟量输入 1 通道（端子 3、4） =3，固定频率 =4，BOP 链路的 USS 控制 =5，COM 链路的 USS 控制（端子 29、30） =6，PROFIBUS（CB 通信板） =7，模拟量输入 2 通道（端子 10、11）	2
P1080[0]	限制电动机运行的最小频率	0
P1082[0]	限制电动机运行的最大频率	50
P1120[0]	电动机从静止状态加速到最大频率所需时间	10

参数号	参 数 描 述	推荐设置
P1121[0]	电动机从最大频率降速到静止状态所需时间	10
P1300[0]	控制方式选择： =0，线性 U/f 控制 =2，平方曲线 U/f 控制 =20，无传感器的矢量控制 =21，带传感器的矢量控制	0
P3900	结束快速调试： =1，进行电动机数据计算，并将除快速调试以外的参数恢复到出厂设定 =2，电动机数据计算，并将 I/O 设定恢复到工厂设定 =3，电动机数据计算，其他参数不进行工厂设定复位。	3

（3）功能调试

功能调试是指用户按照具体生产工艺的需要进行的设置操作。这一部分工作比较复杂，常常需要在现场多次调试。

1.2.4　思考与练习

一、单选题

1. MM440 变频器端子 1、2 输出的是（　　　）。

A. 直流电压 24 V　　　B. 直流电压 10 V　　　C. 交流电压 10 V　　　D. 交流电压 24 V

2. MM440 变频器数字量输入端子有（　　　）个。

A. 4　　　　　　　B. 5　　　　　　　C. 6　　　　　　　D. 7

3. MM440 变频器模拟量输入通道有（　　　）路。

A. 2　　　　　　　B. 3　　　　　　　C. 4　　　　　　　D. 6

4. MM440 变频器端子 9、28 输出的是（　　　）。

A. 直流电压 24 V　　　B. 直流电压 10 V　　　C. 交流电压 10 V　　　D. 交流电压 24 V

5. MM440 变频器数字量输入端子驱动电压是（　　　）。

A. 10 V　　　　　　B. 24 V　　　　　　C. 5 V　　　　　　　D. 36 V

6. MM440 变频器模拟量输出通道有（　　　）路。

A. 2　　　　　　　B. 3　　　　　　　C. 4　　　　　　　D. 5

7. MM440 变频器有（　　　）组继电器输出。

A. 2　　　　　　　B. 3　　　　　　　C. 4　　　　　　　D. 5

8. 监测 MM440 变频器的运行状态的端子是（　　　）。

A. 端子 3、4　　　B. 端子 5、6　　　C. 端子 12、13　　　D. 端子 21、22

9. MM440 变频器 BOP 操作面板 按键作用是（　　　）。

A. 起动电动机　　　　　　　　　　　B. 改变电动机的转动方向

C. 电动机点动　　　　　　　　　　　D. 访问参数

10. MM440 变频器 BOP 操作面板 按键作用是（　　　）。

A. 起动电动机   B. 改变电动机的转动方向

C. 电动机点动   D. 访问参数

11. 下列参数中可以修改的参数是（   ）。

A. r0000   B. P0003   C. F0003   D. A0501

12. 下述 **Fn** 按键功能描述错误的是（   ）。

A. 变频器运行过程中，在显示任何一个参数时按下此键并保持不动 2 s，可以浏览直流回路电压、输出电流、输出电压、输出频率信息。

B. 具有跳转功能，在显示任何一个参数（rXXXX 或 PXXXX）时短时间按下此键，将立即跳转到 r0000。

C. 具有故障复位功能。

D. 具有访问参数功能。

13. MM440 变频器的调试步骤是（   ）。

A. 参数复位→快速调试→功能调试   B. 快速调试→参数复位→功能调试

C. 参数复位→功能调试   D. 快速调试→功能调试

二、简答题

1. 画出 MM440 变频器主电路接线图。

2. 说明 MM440 变频器控制电路中的输入端子类型？分别是哪些端子？作用是什么？

3. 说明 MM440 变频器控制电路中的输出端子类型？分别是哪些端子？作用是什么？

4. 说明 MM440 变频器 I/O 板上的两个拨动开关作用？

5. 说明参数 P0003 和参数 P0004 的作用。

6. 什么情况下需要进行参数复位？MM440 变频器如何进行参数复位？

7. 什么情况下需要进行快速调试？MM440 变频器如何进行快速调试？

模块 2　变频器的基本调速

项目 2.1　面板调速控制

【学习目标】

- 了解变频器调速电路的类型。
- 掌握变频器起/停和频率信号源的选择方式。
- 掌握变频器面板控制操作方法。
- 掌握给定频率、点动频率设置方法。
- 掌握变频器运行数据的查看方法及特点。
- 掌握变频器报警和故障复位方法。
- 理解上限频率和下限频率设置的意义。
- 理解跳转频率设置的意义。
- 理解加减速时间设置的意义。
- 掌握上/下限频率、跳转频率、加减速过程设置的方法。

【资格认证】

- 会正确地操作面板，实现电动机的调速控制。
- 会确认变频器的故障。
- 会根据工艺的需求，合理设置变频器优化电动机运行的参数。

【项目引入】

通过操作变频器面板可以实现电动机的起停、点动、正反转、调速控制，变频器根据实际的需求可以优化电动机的运行性能，例如约束电动机的最大和最小运行速度；变频器可以屏蔽电动机任意段速度的输出，抑制某一段速度引起的机械振动可能产生的共振；通过合理设置加减速时间，可以克服电动机起停过程带来的电气和机械问题。熟知变频器的起停方式和频率给定方式的设置方法，在变频调速系统中才能根据工艺需求合理地选择变频器的控制方式。理解变频器的给定频率、点动频率、上/下限频率、跳转频率、加减速过程的设置方法，才能更好地优化电动机的运行性能。

【任务描述】

1）完成变频器主电路接线，设置变频器面板控制参数。

2）操作面板实现电动机的起停、点动、正反转、调速。

3）设置给定频率、点动频率，查看运行数据并分析运行数据的特点。

4）设置故障，分析故障，排除故障，复位故障。

5）设置变频器可用于电动机性能优化的各参数，运行记录相关数据，观察运行特点。

2.1.1 变频器调速电路的类型

1. 变频器主电路接线

对于变频器面板控制电动机的调速运行电路，硬件接线时要将变频器的主电路接线端子分别与电源和电动机连接起来，不需要再接其他的外部接线。变频器的交流电源的输入端子L1、L2、L3一般是通过低压断路器与三相交流电源相连，变频器的输出端子U、V、W接到电动机的3个端子上，变频器的接地线与电动机的接地线连接在一起。具体的硬件接线如图2-1所示。

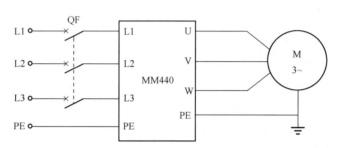

图 2-1　变频器的硬件接线

2. 起停信号源和频率信号源

（1）参数 P0700

P0700用来选择变频器起停方式控制信号源，具体参数功能见表2-1。

表 2-1　P0700 参数功能表

参数设定值	参 数 功 能
P0700 = 0	工厂的默认设置
P0700 = 1	用 BOP 面板按键控制变频器起/停
P0700 = 2	数字量输入端子外接开关信号以控制变频器起/停
P0700 = 4	BOP 链路的 USS 设置
P0700 = 5	COM 链路的 USS 设置
P0700 = 6	COM 链路通信板 CB 设置

（2）参数 P1000

P1000用来选择所设定频率的信号源，主设定值由个位数字选择，附加设定值由十位数字选择，具体参数功能见表2-2。

表 2-2　P1000 参数功能表

参数设定值	参 数 功 能
P1000 = 0	无主设定值
P1000 = 1	MOP（电动电位计）设定值
P1000 = 2	模拟设定值 1
P1000 = 3	固定频率

参数设定值	参数功能
P1000 = 4	通过 BOP 链路的 USS 设定
P1000 = 5	通过 COM 链路的 USS 设定
P1000 = 6	通过 COM 链路的 CB 设定
P1000 = 7	模拟设定值 2
P1000 = 12	模拟设定值+MOP 设定值

3. 变频器典型调速电路类型

从变频器的起停方式和变频器的频率给定方式两个角度出发，变频器常用的典型调速电路类型见表 2-3。

表 2-3　变频器典型调速电路类型

参数设定值	运行调速类型
P0700 = 1 P1000 = 1	利用面板控制起停 利用面板增减键进行调速
P0700 = 2 P1000 = 1	利用外部开关端子控制起停 利用面板增减键进行调速
P0700 = 1 P1000 = 2	利用面板控制起停 利用外部模拟量端子进行调速
P0700 = 2 P1000 = 2	利用外部开关端子控制起停 利用外部模拟量端子进行调速
P0700 = 2 P1000 = 3	利用外部开关端子控制起停 利用外部开关端子设定固定频率
P0700 = 5 P1000 = 5	通过 COM 链路的 USS 设定起停信号源以及运行频率

二维码 2-1
MM440 变频器
面板的基本操作

2.1.2　变频器面板的基本操作

1. 硬件接线

对于变频器面板控制电动机运行电路的硬件接线，只需要完成变频器主电路接线（如图 2-1 所示），将电源、电动机、变频器连接好。

2. 参数设置

接通变频器电源，设置变频器的相关参数，具体过程如下。

1）变频器的参数复位，相关的参数设置见表 2-4。

二维码 2-2
MM440 变频
调速电路的类型

表 2-4　变频器复位的参数设置表

序　号	参数及设定值	参数功能
1	P0003 = 1	设置用户访问等级为标准级
2	P0010 = 30	工厂设定值
3	P0970 = 1	开始参数复位

2）变频器快速调试，相关的参数设置见表2-5。

表2-5 变频器快速调试的参数设置表

序　号	参数设定值	参 数 功 能
1	P0010 = 1	开始快速调试
2	P0304 = 220	电动机的额定电压
3	P0305 = 1.93	设定电动机的额定电流
4	P0307 = 0.37	设定电动机的额定功率
5	P0310 = 50	设定电动机的额定频率
6	P0311 = 1400	设定电动机的额定转速
7	P3900 = 1	结束快速调试

3）将参数访问等级P0003设置为专家级，即P0003 = 3。

4）设置其他功能参数，变频器的起停方式和频率给定方式的参数设置如表2-6所示。

表2-6 变频器的起停方式和频率给定方式参数设置表

序　号	参数及设定值	参 数 功 能
1	P0700 = 1	用面板控制变频器起停
2	P1000 = 1	用面板设置变频器频率

3. 操作运行

（1）起停操作

1）按下变频器操作面板上的 按键，变频器起动，电动机转动，起动后加速到5 Hz（默认值）对应速度运行。

2）起动运行频率通过给定频率参数P1040可以进行修改，若P1040 = 10，按下变频器操作面板上的 按键，变频器起动，电动机转动，起动后加速到10 Hz对应速度运行（注意：变频器起动时，参数无法重新设定，需停止变频器，才能有效地重新对参数赋值）。

3）按下变频器操作面板上的 按键，电动机减速停止。

（2）点动操作

1）在变频器停止状态，按住点动按键 ，电动机以5 Hz（默认值）对应速度运行。

2）点动运行频率通过点动频率参数P1058可以进行修改，若P1058 = 6，按住点动按键 ，电动机以6 Hz对应速度运行。

3）松开点动按键 ，电动机停止运行。

（3）正反转操作

1）按下变频器操作面板上的 按键，电动机正转运行。

2）按下变频器操作面板上的 按键，电动机的运行方向发生改变，反转运行，同时显示屏中频率前出现负号。

3）再次按下变频器操作面板上的 按键，反转变为正转，同时显示屏中频率前的负号消失。

（4）调节频率操作

1）按下变频器操作面板上的 按键，电动机转动。

2）按卜变频器操作面板上的 按键，变频器的频率增加，电动机的运行速度上升。

3）按下变频器操作面板上的 按键，变频器的频率减小，电动机的运行速度下降。

2.1.3 变频器的运行数据浏览方法和控制

1. 运行数据浏览的方法

（1）状态显示参数 r0000

查看状态显示参数 r0000 可显示变频器运行数据，默认情况下，显示的是变频器运行频率值，通过修改参数 P0005，可以改变参数 r0000 的显示，访问等级为 2，具体设定值见表 2-7。

二维码 2-3
MM440 变频器
运行数据的浏览

表 2-7　P005 参数功能说明表

参数设定值	参 数 功 能
P0005 = 20	变频器的实际设定频率
P0005 = 21	变频器的实际频率
P0005 = 22	电动机的实际转速
P0005 = 25	变频器的输出电压
P0005 = 26	直流回路电压实际值
P0005 = 27	变频器输出电流实际值

若将参数 P0005 修改为 22，查看状态显示参数 r0000，显示变频器驱动的电动机的实际转速。通过修改参数 P0005，查看状态显示参数 r0000，就可以浏览变频器的输出频率、输出电压、输出电流等运行数据。

（2）长按功能键

按住 键持续 2 s，可以轮流显示变频器实际频率、直流回路电压、输出电压、输出电流以及所选择的 r0000 设定的值（在默认情况下，不能轮流显示电动机的实际转速），再次按住 键持续 2 s，退出运行数据浏览。将参数 P0005 修改为 22，按住 键持续 2 s，可以轮流显示变频器实际频率、直流回路电压、输出电压、输出电流以及电动机的实际转速。

2. 恒压频比控制

恒压频比控制是目前通用变频器产品中使用较多的一种控制方式，在这种控制方式下，加到电动机上的电压和频率保持恒定（U/f=常数）。

为什么要保证 U/f=常数呢？当异步电动机接通电源后，在定子绕组两端产生的感应电动势 E_1 大小为

$$E_1 = K_e U_1 = 4.44 K_{dp1} f_1 \Phi_m W_1 \tag{2-1}$$

式中　K_{dp1}——定子绕组的绕组系数；

　　　W_1——定子绕组每相匝数；

　　　f_1——电源频率；

　　　Φ_m——气隙磁通的最大值。

其中 K_{dp1} 和 W_1 为恒定值，如果电压一定而只降低频率，那么气隙磁通就要过大，造成磁路饱和，严重时烧毁电动机。因此为了保持气隙磁通不变，就要求在降低供电频率的同时降低输出电压，保持 U/f=常数，即保持电压与频率之比为常数进行控制。

图 2-2 给出了一个实例，转速给定即作为调节加减速度的频率 *f* 指令值，同时经过适当分压，也被作为定子电压 *U* 的指令值，该 *f* 指令值和 *U* 指令值之比就决定了 *U/f* 比值，由于频率和电压由同一给定值控制，因此可以保证压频比为恒定。电动机的转向由变频器输出电压的相序决定，不需要由频率和电压给定信号反映极性。

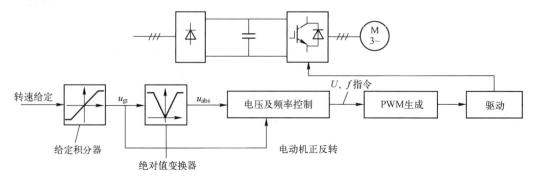

图 2-2 采用恒压频比控制的变频调速系统框图

U/f 控制是转速开环控制，不需要速度传感器，控制电路简单，负载可以是通用标准异步电动机，所以通用性强，经济性好，是目前通用变频器产品中使用较多的一种控制方式。

2.1.4 变频器故障复位方法

二维码 2-4
MM440 变频
器故障复位方法

1. 区分报警和故障

MM440 变频器非正常运行时，会发生故障或者报警。

当发生故障时，变频器停止运行，面板显示以字母 F 开头的相应故障代码。需要故障复位才能重新运行。

当发生报警时，变频器继续运行，面板显示以字母 A 开头的相应故障代码。报警消除后代码自然消除。

2. 报警和故障复位方法

如图 2-3 所示，合上断路器 QF，设置好变频器的功能参数，控制接触器 KM1 接通，起动变频器，正常情况下，变频器驱动电动机运行。

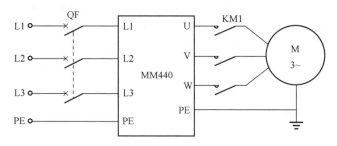

图 2-3 变频器调速电路

若电动机不运行，面板显示屏显示 A0922，说明变频器非正常运行，出现报警。通过查故障代码，出现 A0922 说明变频器没有接上负载，电动机本身无故障，就可以判断变频器输出电源 U、V、W 和电动机之间出现三相断线，若 KM1 的驱动信号消失，则 KM1 主触点都断开，就会出现这个报警，将变频器输出电源 U、V、W 和电动机之间接通，故障排除，报警代码 A0922 自然消除，变频器恢复正常运行。

若电动机不运行，面板显示屏显示 F0023，说明变频器非正常运行，发生故障。通过查故障代码，出现 F0023 说明变频器输出的一相断线，其一相断线故障复位过程如图 2-4 所示。若电动机本身无故障，就可以判断变频器输出电源 U、V、W 和电动机之间有一相断线，需进行故障排查，若故障排除，按下面板上 **Fn** 按键，故障复位，变频器进入运行准备状态，若故障未排除，按下面板上 **Fn** 按键，故障代码 F0023 将会重现。

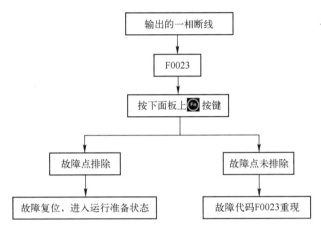

图 2-4　输出一相断线故障复位过程

2.1.5　电动机运行性能参数的设置

1. 上限频率和下限频率

上限频率和下限频率是指变频器输出的最高、最低频率，常用 f_H 和 f_L 来表示。根据拖动系统所带的负载不同，有时要对电动机的最高、最低转速给予限制，以保证拖动系统的安全和产品的质量，另外，操作面板的误操作及外部指令信号的误动作会引起频率过高或过低，设置上限频率和下限频率可起到保护作用。常用的方法就是给变频器的上限频率和下限频率赋值。一般的变频器均可通过参数来预设其上限频率 f_H 和下限频率 f_L。当变频器的给定频率高于上限频率 f_H 和低于下限频率 f_L 时，变频器的输出频率将被限制为 f_H 和 f_L，如图 2-5 所示。

图 2-5　设定上、下限频率的输出频率曲线图

例如：预置 $f_H = 60\,\text{Hz}$，$f_L = 10\,\text{Hz}$，若给定频率为 50 HZ 或 20 Hz，则变频器的输出频率与给定频率一致；若给定频率为 70 Hz 或 5 HZ，则输出频率被限制在 60 HZ 或 10 HZ。

设置 MM440 变频器上限频率和下限频率的参数是 P1082 和 P1080。

2. 跳跃频率

二维码 2-6
MM440 变频器
跳转频率的设置

跳跃频率也叫作回避频率，是指不允许变频器连续输出时的频率，常用 f_J 表示。由于生产机械运转时的振动是与转速有关系的，当电动机调到某一转速（变频器输出某一频率）时，机械振动的频率和它的固有频率一致时就会发生谐振，此时对机械设备的损害是非常大的。为了避免机械谐振的发生，应当让拖动系统跳过谐振所对应的转速，所以变频器的输出频率就要跳过谐振转速所对应的频率。

变频器在预置跳跃频率时通常预置一个跳跃区间，为了方便用户使用，大部分的变频器都提供了 2~4 个跳跃区间。MM440 变频器最多可设置 4 个跳跃区间，分别由 P1091、P1092、P1093、P1094 设置跳跃区间的中心点频率，由 P1101 设定跳跃区间的频带宽度。如图 2-6 所示。

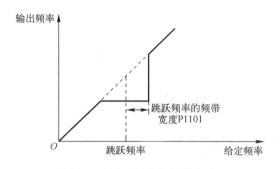

图 2-6　跳跃频率与频带宽度

3. 电动机起动过程设置

（1）加速时间

二维码 2-7
MM440 变频器加、减速时间的设置

变频起动时，起动频率可以很低，加速时间可以自行给定，这样就能有效地解决起动电流大和机械冲击的问题。加速时间是指工作频率从 0 Hz 上升至最大频率 f_{max}（最大频率即上限频率 f_H）所需要的时间，各种变频器都提供了在一定范围内可任意给定加速时间的功能。

用户可根据拖动系统的情况自行给定一个加速时间。加速时间越长，起动电流就越小，起动也越平缓，但却延长了拖动系统的过渡过程，对于某些频繁起动的机械来说，将会降低生产效率。因此给定加速时间的基本原则是在电动机的起动电流不超过允许值的前提下，尽量地缩短加速时间。由于影响加速过程的因素是拖动系统的惯性，故系统的惯性越大，加速难度就越大，加速时间也应该长一些。但在具体的操作过程中，由于计算非常复杂，可以将加速时间先设置得长一些，观察起动电流的大小，然后再慢慢缩短加速时间。

MM440 变频器用参数 P1120 来设定加速时间的大小，单位为 s。

（2）加速模式

不同的生产机械对加速过程的要求是不同的。根据各种负载的不同要求，整个加速过程中变频器给出了各种不同的加速曲线（模式）供用户选择。常见的曲线形式有线性方式、S形方式和半S形方式等，如图2-7所示。

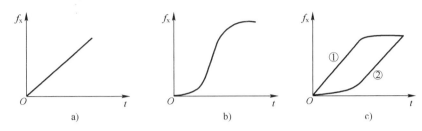

图2-7　变频器的加速曲线

a）线性方式　b）S形方式　c）半S形方式

1）线性方式。在加速过程中，频率与时间呈线性关系，如图2-7a所示，如果没有特殊要求，一般的负载情况下大都选用线性方式。

2）S形方式。此方式下初始阶段加速较缓慢，中间阶段为线性加速，尾段加速逐渐减为零，如图2-7b所示。这种曲线适用于带式输送机一类的负载。这类负载往往满载起动，传送带上的物体静摩擦力较小，刚起动时加速较慢，以防止传送带上的物体滑倒，到尾段加速减慢也是这个原因。

二维码2-8　MM440变频器S型加速模式的设置

3）半S形方式。加速时一半为S形方式，另一半为线性方式，如图2-7c所示。对于风机和泵类负载，低速时负载较轻，加速过程可以快一些。随着转速的升高，其阻转矩迅速增加，加速过程应适当减慢。反映在图2-7c①所示上，就是加速的前半段为线性方式，后半段为S形方式。而对于一些惯性较大的负载，加速的初期加速过程较慢，到加速的后期可适当加快其加速过程。反映在图2-7c②所示上，就是加速的前半段为S形方式，后半段为线性方式。

MM440变频器用参数P1120（斜坡上升时间）设定加速时间，由参数P1130（斜坡上升曲线的起始段圆弧时间）和P1131（斜坡上升曲线的结束段圆弧时间）设置加速模式曲线。例如S形起动加速方式参数设置如图2-8所示，它的整个加速过程分三段，对于第一段斜坡上升曲线的起始段圆弧时间 t_1 可通过参数P1130设置，对于第三段斜坡上升曲线的结束段圆弧时间 t_3 可通过参数P1131设置，对于线性加速时间 t_2 可通过参数P1120设置。

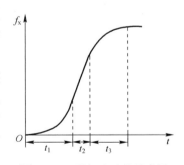

图2-8　S形加速过程示意图

（3）起动前直流制动

如果电动机在起动前，拖动系统的转速不为0，而变频器的输出频率从0Hz开始上升，在起动瞬间将引起电动机的过电流现象。常见于拖动系统以自由制动的方式停机，在尚未停住前又重新起动；或是风机在停机状态下，叶片由于自然通风而自行运转（通常是反转）。因此，可在起动前先在电动机的定子绕组内通入直流电流，以保证电动机在零速的状态下开始起动。

4. 电动机停止过程设置

（1）减速时间

变频调速时，减速是通过逐步降低给定频率来实现的。在频率下降的过程中，电动机将处于再生制动状态。如果拖动系统的惯性较大，频率下降又很快，电动机将处于强烈的再生制动状态，从而产生过电流和过电压，使变频器跳闸。为避免上述情况的发生，可以在减速时间和减速方式上进行合理的选择。

减速时间是指变频器的输出频率从最大频率 f_{max} 减至 0 HZ 所需的时间。减速时间的给定方法与加速时间一样，其值的大小主要考虑系统的惯性。惯性越大，减速时间就越长。一般情况下，加减速选择同样的时间值。

MM440 变频器用参数 P1121 来设定减速时间的大小，单位为 s。

（2）减速模式

减速模式设置与加速模式相似，也要根据负载情况而定，减速曲线也有线性和 S 形、半 S 形等几种方式。

MM440 变频器由参数 P1121（斜坡下降时间）设定减速时间，由参数 P1132（斜坡下降曲线的起始段圆弧时间）和 P1133（斜坡下降曲线的结束段圆弧时间）设置减速模式曲线。

2.1.6 思考与练习

一、单选题

1. MM440 变频器起停方式选择的参数是（　　），用面板起停时，该参数设定值为（　　）。

A. P0700，1　　　　　B. P0700，2　　　　　C. P1000，1　　　　　D. P1000，2

2. MM440 变频器用于选择运行频率设定方式的参数是（　　），用面板增减键来调节速度，该参数设定值为（　　）。

A. P0700，1　　　　　B. P0700，2　　　　　C. P1000，1　　　　　D. P1000，2

3. 使用变频器面板控制时，给定频率是通过哪个参数设置的？（　　）

A. P0003　　　　　B. P0700　　　　　C. P1000　　　　　D. P1040

4. 面板对电动机点动操作时，点动运行频率是通过哪个参数设置的？（　　）

A. P0700　　　　　B. P1040　　　　　C. P1058　　　　　D. P1120

5. 若变频器驱动的电动机额定电压是 220 V，额定频率为 50 HZ，关于变频器运行频率 f 与输出电压 u 的关系说法正确的是（　　）。

A. 不论运行频率是多大，变频器输出的电压都是 220 V。

B. 当运行频率是 10 HZ 时，输出的电压是 22 V。

C. 当运行频率是 5 HZ 时，输出的电压是 44 V。

D. u/f＝恒定值，当运行频率是 5 HZ 时，输出的电压是 22 V。

6. 电动机的上、下限频率是分别通过参数（　　）设置的。

A. P1058、P1059　　B. P1080、P1082　　C. P1082、P1080　　D. P1120、P1121

7. 面板控制时，当 P1040＝5，P1080＝10，起动后变频器的运行频率为（　　），当

P1040＝45，P1082＝40，起动后变频器的运行频率为（ ）

A. 5，40   B. 10，40   C. 5，45   D. 10，45

8. 某拖动系统为了防止机械谐振，应避免 32~36 HZ 之间频率的电源，变频器参数应设置为（ ）

A. P1091＝32，P1101＝4   B. P1091＝32，P1101＝2

C. P1091＝34，P1101＝4   D. P1091＝34，P1101＝2

9. 变频器驱动的电动机加速时间和减速时间分别是通过参数（ ）设置的。

A. P1058、P1059   B. P1080、P1082   C. P1030、P1031   D. P1120、P1121

二、多选题

1. 面板控制时，关于电动机的停止方式说法正确的有（ ）。

A. 按下"停止"键可以实现电动机的减速停止。

B. 双击"停止"键可以实现快速停止。

C. 双击"停止"键可以实现惯性停止。

D. 对面板"停止"键可以通过不同操作，实现两种方式的停止。

2. MM440 变频器面板可以实现对电动机的哪些工艺控制？（ ）

A. 起停，调速控制   B. 正反转控制   C. 点动控制   D. 多段速控制

3. MM440 变频器的加速模式有（ ）。

A. 线性加速   B. 半 S 形加速   C. S 形加速   D. 以上 3 种

项目 2.2   开关量输入端子调速控制

【学习目标】

- 熟悉 MM440 变频器外部开关量输入端子及其扩展方法。
- 掌握 MM440 变频器外部开关量输入端子的功能和参数的含义。
- 掌握变频器开关量输入端子外接开关调速控制设置方法。
- 掌握正反转运行调速控制的硬件电路、参数设置以及操作运行特点。
- 掌握开关量输入端子实现多段速的三种方法的特点。
- 掌握多段速控制的硬件电路、参数设置以及操作运行特点。

【资格认证】

- 会进行开关控制变频器，实现可逆运行的硬件接线、参数设置。
- 会进行开关控制变频器，实现多速运行的硬件接线、参数设置。

【项目引入】

在继电器控制系统中，电动机的正反转控制需要两个接触器为电动机接通不同相序电源，然后对这两个接触器的线圈进行相应驱动控制，电动机的多速控制同样需要用接触器改变电动机绕组的连接方式，然后再对接触器的线圈进行相应驱动控制，而变频器实现电动机的正反转、多段速控制，则不需要接触器，只要对变频器的开关量输入端子外接开关信号进行设置，从而控制开关信号的通/断，系统的设计、接线、调试简单，工作稳定，故障率低。

用好变频器的开关量输入端子的前提是需要熟知开关量输入端子外接开关信号的接线方法以及开关量输入端子的功能设置方法。

【任务描述】

1）设计开关、按钮控制的电动机可逆运行的调速系统，并进行系统装调。

2）设计开关控制的电动机多档速运行的调速系统，并进行系统装调。

3）记录外部开关的操作状态与运行状态的对应关系，明确可逆运行、多段速运行的控制特点。

2.2.1　变频器开关量输入端子功能设置

1. 开关量输入端子介绍

二维码 2-9
MM440 变频器
开关量输入
端子功能

MM440 变频器的数字量输入端子 5、6、7、8、16、17 为用户提供了 6 个完全可编程的数字输入端子，数字输入端子的信号可以来自外部的开关量，也可来自晶体管、继电器的输出信号。端子 9、28 是一个 24 V 的直流电源，给用户提供了数字量的输入所需要的直流电。数字量信号来自外部的开关端子，其接线的方法如图 2-9 所示。若数字量信号来自晶体管输出，对 PNP 型晶体管的公共端应接端子 9（+24 V），对 NPN 型晶体管的公共端应接端子 28（0 V）。若数字量信号来自继电器输出，继电器的公共端应接 9（+24 V）。

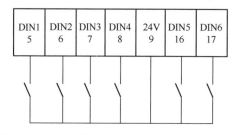

图 2-9　外部开关量与数字量输入端子的接线图

若 MM440 提供的 6 个数字量输入不够，通过如图 2-10 所示的方法增加两个数字量输入 DIN7 和 DIN8 。

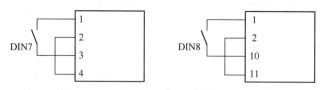

图 2-10　DIN7 和 DIN8 的端子接线图

2. 开关量输入端子功能及参数介绍

MM440 变频器的数字量输入端子，可以完成电动机的正反转控制，正反转的点动控制以及固定频率设定值的控制。数字量的端子具体完成什么功能，需要通过变频器的参数设定来定义。MM440 变频器每个端子都有一个对应的参数用来设定该端子的功能。开关量输入端子功能与对应的参数设置见表 2-8。

表 2-8　开关量输入端子功能与对应的参数设置表

数字输入端子	端子编号	参数编号	出厂设置	出厂功能
DIN1	5	P0701	1	正转控制
DIN2	6	P0702	12	反转控制
DIN3	7	P0703	9	故障复位
DIN4	8	P0704	15	固定频率直接选择
DIN5	16	P0705	15	固定频率直接选择
DIN6	17	P0706	15	固定频率直接选择

从表 2-8 可以看出，参数 P0701～P0706 分别用来控制端子 DIN1～DIN6 的功能，每个参数的设定值定义是相同的，表 2-9 以 P0701 为例介绍设定值的含义。

表 2-9　P0701 设定值的含义表

序　号	参数设定值	参数功能
1	P0701 = 0	禁止数字输入
2	P0701 = 1	接通正转断开停车
3	P0701 = 2	接通反转断开停车
4	P0701 = 3	按惯性自由停车
5	P0701 = 4	快速停车
6	P0701 = 9	故障确认
7	P0701 = 10	正向点动
8	P0701 = 11	反向点动
9	P0701 = 12	反转
10	P0701 = 13	电动电位计升速
11	P0701 = 14	电动电位计降速
12	P0701 = 15	固定频率直接选择
13	P0701 = 16	固定频率选择 + 1 命令
14	P0701 = 17	固定频率编码选择 + 1 命令
15	P0701 = 25	直流注入制动
16	P0701 = 29	由外部信号触发跳闸
17	P0701 = 33	禁止附加频率设定值
18	P0701 = 99	使能 BICO 参数化（仅供专家使用）

开关量的输入逻辑可以通过 P0725 改变，P0725 = 0 低电平有效，P0725 = 1 高电平有效，默认高电平有效。开关量输入状态可由参数 r0722 监控。

2.2.2　正反转运行调速的装调

1. 控制要求

本次任务采用两个开关和两个按钮分别控制电动机的正转、反转和

二维码 2-10　正反转运行电路装调

53

正、反转的点动 4 个功能。要求正反转起动频率为 30 Hz，速度由面板上的 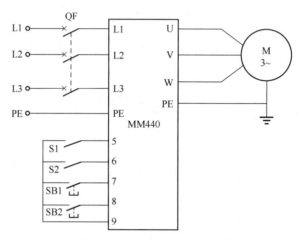 和 按键进行调节。正向点动为 6 Hz，反向点动为 8 Hz。

2. 硬件电路

本次任务除了完成变频器主电路接线，还需要选取变频器的 4 个开关量输入端子来外接两个开关和两个按钮，开关和按钮的一端分别与开关量输入端子 5（DIN1）、6（DIN2）、7（DIN31）、8（DIN4）连接，另一端并联在一起接到 9 直流电源（24 V）端子。硬件电路如图 2-11 所示。

图 2-11　外部端子控制电动机正反转运行的硬件接线图

3. 参数设置

接通变频器电源，设置变频器的参数。需要设置的功能参数见表 2-10。

表 2-10　设置变频器的控制参数表

序　号	参数及设定值	参　数　功　能
1	P0003 = 3	设置用户访问等级为 3 级
2	P0700 = 2	利用开关量输入端子控制变频器起停
3	P0701 = 1	用 DIN1 控制正转起停
4	P0702 = 2	用 DIN2 控制反转起停
5	P0703 = 10	用 DIN3 控制正转点动
6	P0704 = 11	用 DIN4 控制反转点动
7	P1000 = 1	用面板设置变频器频率
8	P1040 = 30	变频器的给定频率是 30 Hz
9	P1058 = 6	正转点动频率为 6 Hz
10	P1059 = 8	反转点动频率为 8 Hz

4. 操作运行

1）合上开关 S1，电动机以 30 Hz 对应速度正转运行。断开 S1，电动机减速停止（OFF1 停止方式）。

2）合上开关 S2，电动机以 30 Hz 对应速度反转运行。断开 S2，电动机减速停止（OFF1

停止方式）。

3）合上开关 S1 和 S2，若 S1 先于 S2 闭合，电动机以 30 Hz 对应速度正转运行；若 S2 先于 S1 闭合，电动机以 30 Hz 对应速度反转运行。

4）按住按钮 SB1，电动机以 6 Hz 对应速度正转运行，松开按钮 SB1，电动机停止运行。

5）按住按钮 SB2，电动机以 8 Hz 对应速度反转运行，松开按钮 SB2，电动机停止运行。

6）同时按住按钮 SB1、SB2，变频器面板显示屏显示 A0923，报警，电动机不转。

其操作特点见表 2-11。

表 2-11　电动机正反转运行调速的操作特点

序　号	数字输入状态				变频器频率/Hz	电动机转向
	S1	S2	SB1	SB2		
1	1	0	0	0	30	正转
2	0	1	0	0	−30	反转
3	1	1	0	0	S1 先合上：30 S2 先合上：−30	S1 先合上：正转 S2 先合上：反转
4	0	0	1	0	6	正转
5	0	0	0	1	8	反转
6	0	0	1	1	显示 A0923，报警	不转

2.2.3　多段速运行调速的装调

变频器的多段速功能是利用变频器开关量端子选择固定频率的组合，实现电动机多段速度运行。用户可以任意定义 MM440 变频器的 6 个开关量端子的用途，一旦开关量端子用途确定了，变频器的输出频率就由相应的参数控制。

1. 多段速的 3 种实现方法

MM440 变频器通过开关量端子 5、6、7、8、16、17 对应 P0701 ～ P0706 参数设置来实现多段速控制。根据参数的设定方法不同，变频器的多段速运行可以分为直接选择频率和开关量状态组合（二进制编码）选择频率两种方法。表 2-12 仅以开关量输入端子 5 对应的功能参数 P0701 设置为例进行介绍，其他开关量输入端子对应的功能参数 P0702 ～ P0706 的设置方法同 P0701。

二维码 2-11
MM440 变频器多段速的 3 种实现方法及区别

表 2-12　开关量端子控制多段速时的参数设置

序　号	参数设定值	参数功能	备　　注
1	P0701 = 15	直接选择固定频率	端子状态直接决定输出频率，且变频器需要起停信号
2	P0701 = 16	直接选择固定频率+1 命令	端子状态直接决定输出频率，变频器不需要起停信号
3	P0701 = 17	二进制编码选择固定频率	通过开关量端子的状态组合决定变频器的输出频率，不需要单独的起停信号

（1）直接选择频率的方式控制

若变频器的 P0701~P0706 参数设置为 15，则需要一个单独的外部开关来控制变频器的起动和停止。若变频器的 P0701~P0706 参数设置为 16，就不需要一个单独的开关来控制变频器的起动和停止。如果电动机需要反转，可以将频率设置为负值，也可以采用两个单独的外部开关分别控制电动机的正反转，频率的设置就不再考虑电动机的转向，数值全是正值。

将 P0701~P0706 设置为 15 或 16 时，一个开关量控制一个频率，开关量输入端子与频率设置参数对应关系见表 2-13。

表 2-13　开关量输入端子与频率设置参数对应关系

端子编号	对应参数	频率设置参数
5	P0701	P1001
6	P0702	P1002
7	P0703	P1003
8	P0704	P1004
16	P0705	P1005
17	P0706	P1006

使用此种方法，必须注意两点：一是频率给定源 P1000 必须设置为 3；二是当多个选择开关同时闭合时，选定的频率是它们的总和，当频率超出变频器上限频率范围时，变频器的输出频率被限制在最高频率。

（2）开关量状态组合选择频率的方式控制

开关量状态组合选择变频器的频率是使用变频器的开关量输入端子 5~8 的二进制组合来选择由 P1001~P1015 指定的多段速中的某个固定频率运行，最多可以选择 15 个固定频率，这种控制方法需要把变频器的参数 P0701~P0704 设置为 17，不需要设置单独的外部开关控制变频器的起停。开关量状态与固定频率的对应关系见表 2-14。

表 2-14　开关量状态与固定频率的对应关系

序　号	开关状态				对应参数	参数功能
	端子 8	端子 7	端子 6	端子 5		
1	0	0	0	1	P1001	设置段速 1 频率
2	0	0	1	0	P1002	设置段速 2 频率
3	0	0	1	1	P1003	设置段速 3 频率
4	0	1	0	0	P1004	设置段速 4 频率
5	0	1	0	1	P1005	设置段速 5 频率
6	0	1	1	0	P1006	设置段速 6 频率
7	0	1	1	1	P1007	设置段速 7 频率
8	1	0	0	0	P1008	设置段速 8 频率
9	1	0	0	1	P1009	设置段速 9 频率
10	1	0	1	0	P1010	设置段速 10 频率

序　号	开　关　状　态				对应参数	参　数　功　能
	端子 8	端子 7	端子 6	端子 5		
11	1	0	1	1	P1011	设置段速 11 频率
12	1	1	0	0	P1012	设置段速 12 频率
13	1	1	0	1	P1013	设置段速 13 频率
14	1	1	1	0	P1014	设置段速 14 频率
15	1	1	1	1	P1015	设置段速 15 频率

2. 三段速的装调（开关量输入端子 P0701、P0702 和 P0703 为 15，简称 15 方式）

（1）控制要求

利用变频器的开关量输入端子实现某机床主轴的三段速运行控制，具体的要求是变频器的输出率分别为 10 Hz、15 Hz 和 20 Hz 3 种，使主轴电动机能工作在 3 个不同转速状态。

二维码 2-12
三段速（15 方式）
运行电路装调

（2）硬件电路

直接选择频率（15 方式）控制三段速，需要 3 个开关 S1～S3 控制 3 个固定频率运行，开关 S4 控制变频器的起停，硬件接线如图 2-12 所示。

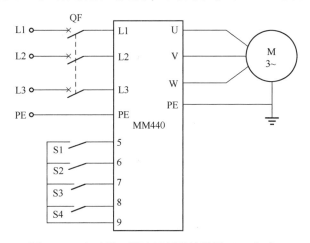

图 2-12　电动机三段速运行的接线图（15 方式）

（3）参数设置

根据需要可以先将变频器的参数复位，然后设置电动机相关的参数和控制参数。其中开关量输入端子的参数设置见表 2-15。

表 2-15　参数设置列表（15 方式）

序　号	参数及设定值	参　数　功　能
1	P1000 = 3	指定开关量输入端子以选择固定频率
2	P0700 = 2	利用开关量输入端子控制变频器起/停
3	P0701 = 15	用端子 5 选择固定频率
4	P0702 = 15	用端子 6 选择固定频率

序　号	参数及设定值	参数功能
5	P0703 = 15	用端子 7 选择固定频率
6	P0704 = 1	用端子 8 控制变频器的起停
7	P1001 = 10	设置段速 1 频率
8	P1002 = 15	设置段速 2 频率
9	P1003 = 20	设置段速 3 频率
10	P1082 = 50	上限频率设定为 50 Hz

（4）操作特点

采用直接选择频率方式（15 方式）控制三段速的操作特点见表 2-16。

表 2-16　电动机三段速操作特点（15 方式）

序　号	端子输入状态				变频器输出	
	S4	S3	S2	S1	变频器频率 f/Hz	电动机工作状态
1	0	0	0	1	10	停止
2	0	0	1	0	15	停止
3	0	1	0	0	20	停止
4	1	0	0	1	10	起动运行
5	1	0	1	0	15	起动运行
6	1	1	0	0	20	起动运行
7	1	0	1	1	25	起动运行
8	1	1	1	1	45	起动运行

1）当开关 S4 断开，变频器无起动命令：若开关 S1 闭合，变频器选择 P1001，即 10 Hz 对应速度运行，但电动机处于停止状态；若开关 S2 闭合，变频器选择 P1002，即 15 Hz 对应速度运行，但电动机处于停止状态；若开关 S3 闭合，变频器选择 P1003，即 20 Hz 对应速度运行，但电动机处于停止状态。

2）当开关 S4 闭合，变频器发出起动命令：若开关 S1 闭合，电动机以 10 Hz 对应速度运行；若开关 S2 闭合，电动机以 15 Hz 对应速度运行；若开关 S3 闭合，电动机以 20 Hz 对应速度运行；若开关 S1、S2 闭合，变频器选择的频率是 P1001 与 P1002 设定值的叠加；电动机以 25 Hz 对应速度运行；若开关 S1、S2、S3 闭合，变频器选择的频率是 P1001、P1002 和 P1003 设定值的叠加，电动机以 45 Hz 对应速度运行。

3. 三段速的装调（开关量输入端子 P0701、P0702 和 P0703 为 16，简称 16 方式）

（1）控制要求

利用变频器的开关量输入端子实现某机床主轴的三段速运行控制，具体的要求是变频器的输出率分别为 10 Hz、15 Hz 和 20 Hz 3 种，使主轴电动机能工作在 3 个不同转速状态。

二维码 2-13
三段速（16 方式）
运行电路装调

（2）硬件电路

直接选择频率方式（16方式）控制三段速，需要3个开关S1～S3控制3个固定频率运行，由于16方式本身具有起停命令，所以不需要再单独设置变频器的起停，硬件接线如图2-13所示。

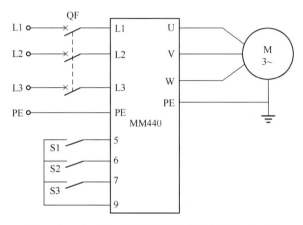

图2-13　电动机三段速运行的接线图（16方式）

（3）参数设置

根据需要可以先将变频器的参数复位，然后设置电动机相关的参数和控制参数。其中开关量输入端子的参数设置见表2-17。

表2-17　参数设置列表（16方式）

序　号	参数及设定值	参　数　功　能
1	P1000 = 3	用指定开关量输入端子以选择固定频率
2	P0700 = 2	利用开关量输入端子控制变频器起停
3	P0701 = 16	用端子5选择固定频率
4	P0702 = 16	用端子6选择固定频率
5	P0703 = 16	用端子7选择固定频率
6	P1001 = 10	设置段速1频率
7	P1002 = 15	设置段速2频率
8	P1003 = 20	设置段速3频率
9	P1082 = 50	上限频率设定为50 Hz

（4）操作特点

采用直接选择频率方式（16方式）控制三段速的操作特点见表2-18。

若开关S1闭合，电动机以10 Hz对应速度运行；若开关S2闭合，电动机以15 Hz对应速度运行；若开关S3闭合，电动机以20 Hz对应速度运行；若开关S1、S2闭合，变频器选择的频率是P1001与P1002设定值的叠加，电动机以25 Hz对应速度运行；若开关S1、S2、

S3 闭合，变频器选择的频率是 P1001、P1002 和 P1003 设定值的叠加，电动机以 45 Hz 对应速度运行。

表 2-18　电动机 3 段速操作特点（16 方式）

序　号	端子输入状态			变频器输出	
	S3	S2	S1	变频器频率/Hz	电动机工作状态
1	0	0	1	10	起动运行
2	0	1	0	15	起动运行
3	1	0	0	20	起动运行
4	0	1	1	25	起动运行
5	1	1	1	45	起动运行

4. 七段速的装调（开关量输入端子 P0701、P0702、P0703 和 P0704 为 17，简称 17 方式）

（1）控制要求

利用变频器的开关量输入端子实现某机床主轴的七段速运行控制，具体的要求是变频器的输出频率分别为 10 Hz、15 Hz、20 Hz、25 Hz、30 Hz、35 Hz、40 Hz 7 种，使电动机能工作在 7 个不同转速状态。

（2）硬件电路

因 MM440 变频器开关量输入端子只有 5、6、7、8、16、17 六个，若将对应参数 P0701~P0706 设置为 15 或 16，不考虑频率叠加的方式，则只能选择 6 种速度，不能满足七段速的要求。所以只能采用开关状态组合选择频率的方法。七段速由 3 个开关的状态组合就可以实现，硬件接线如图 2-14 所示。

二维码 2-14
七段速（17 方式）
运行电路装调

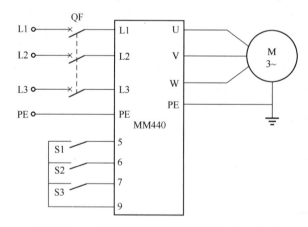

图 2-14　电动机七段速运行的接线图（17 方式）

（3）参数设置

根据需要可以先将变频器的参数复位，然后设置电动机相关的参数和控制参数。其中开关量输入端子的参数设置见表 2-19。

表 2-19 变频器参数设置表（17 方式）

序　　号	参数及设定值	参 数 功 能
1	P1000 = 3	用指定开关量输入端子选择固定频率
2	P0700 = 2	利用开关量输入端子控制变频器起/停
3	P0701 = 17	端子 5 使用固定频率
4	P0702 = 17	端子 6 使用固定频率
5	P0703 = 17	端子 7 使用固定频率
6	P0704 = 17	端子 8 使用固定频率
7	P1001 = 10	设置段速 1 频率
8	P1002 = 15	设置段速 2 频率
9	P1003 = 20	设置段速 3 频率
10	P1004 = 25	设置段速 4 频率
11	P1005 = 30	设置段速 5 频率
12	P1006 = 35	设置段速 6 频率
13	P1007 = 40	设置段速 7 频率

（4）操作特点

采用开关量状态组合选择频率方式（17 方式）控制七段速的操作特点见表 2-20。

开关量的"断开和闭合"用二进制数"0 或 1"表示，开关 S3、S2、S1 为 001 时，电动机以 P1001 设置的频率 10 Hz 运行；为 010 时，电动机以 P1002 设置的频率 15 Hz 运行；为 011 时，电动机以 P1003 设置的频率 20 Hz 运行；为 100 时，电动机以 P1004 设置的频率 25 Hz 运行；为 101 时，电动机以 P1005 设置的频率 30 Hz 运行；为 110 时，电动机以 P1006 设置的频率 35 Hz 运行；为 111 时，电动机以 P1007 设置的频率 40 Hz 运行。

表 2-20 电动机三段速操作特点（17 方式）

序　　号	端子输入状态			变频器输出	
	7	6	5	变频器频率/Hz	电动机工作状态
1	0	0	1	10	起动运行
2	0	1	0	15	起动运行
3	0	1	1	20	起动运行
4	1	0	0	25	起动运行
5	1	0	1	30	起动运行
6	1	1	0	35	起动运行
7	1	1	1	40	起动运行

2.2.4 思考与练习

一、单选题

1. MM440 变频器用开关量输入端子实现起停时对应的参数 P0700 =（　　　）。

A. 1　　　　　　B. 2　　　　　　C. 3　　　　　　D. 5

2. MM440 变频器有 （　　） 个开关量输入端子。

A. 4　　　　　B. 5　　　　　C. 6　　　　　D. 7

3. MM440 变频器外部开关量输入端子的驱动电压是 （　　）。

A. 5 V　　　　B. 220 V　　　C. 10 V　　　D. 24 V

4. 与开关量输入端子 5、6、7、8 对应的参数是 （　　）。

A. P0701、P0702、P0703、P0704

B. P0700、P0701、P0702、P0703

C. P0702、P0703、P0704、P0705

D. P0703、P0704、P0705、P0706

5. 变频器采用开关量输入端子实现多速运行时，P1000 = （　　）。

A. 1　　　　　B. 2　　　　　C. 3　　　　　D. 5

6. MM440 变频器端子 5、6 用于多段速选择（16 方式），5、6 端子外接开关都闭合时，其中 P1001 = 15，P1002 = 20，P1003 = 10，P1004 = 30，变频器的运行频率为 （　　）。

A. 35　　　　B. 25　　　　C. 5　　　　　D. 40

7. MM440 变频器端子 7、8 用于多段速选择（16 方式），端子 7、8 外接开关都闭合时，其中 P1001 = 15，P1002 = 20，P1003 = 10，P1004 = 30，变频器的运行频率为 （　　）。

A. 35　　　　B. 25　　　　C. 5　　　　　D. 40

8. MM440 变频器端子 5、6 用于多段速选择（16 方式），端子 5、6 外接开关都闭合时，其中 P1001 = −15，P1002 = 20，P1003 = 10，P1004 = 30，变频器的运行频率为 （　　）。

A. 35　　　　B. 25　　　　C. 5　　　　　D. 40

9. MM440 变频器端子 5、6、7、8 用于多段速选择（17 方式），只有端子 5、6 外接开关闭合时，其中 P1001 = 15，P1002 = 20，P1003 = 10，P1004 = 30，变频器的运行频率为 （　　）。

A. 15　　　　B. 20　　　　C. 10　　　　D. 35

二、多选题

1. 要求：利用开关量输入端子实现电动机的正反转控制，选用的端子是 （　　），对应的参数设置为 （　　）。

A. 5、6，　　P0701 = 1 P0702 = 2

B. 7、8，　　P0701 = 1 P0702 = 2

C. 16、17，P0701 = 1 P0702 = 2

D. 7、8，　　P0703 = 1 P0704 = 2

2. 要求：利用开关量输入端子实现电动机的正反向点动控制，选用的端子是 （　　），对应的参数设置为 （　　）。

A. 5、6　　P0701 = 10、P0702 = 11

B. 5、6　　P0701 = 1、P0702 = 2

C. 7、8　　P0703 = 10、P0704 = 11

D. 5、6　　P0701 = 3、P0702 = 4

三、设计题

1. 频率由面板给定时，正反转运行的速度是由参数 P1040 设置的，正反转速度相同，在 P0700 = 2，P1000 = 1 这种工作模式下，如何设计正反转不同速度的可逆运行？在 P0700 = 2，P1000 = 3 这种工作模式下，如何设计正反转不同速度的可逆运行？

2. 3 种多段速功能中，哪种参数设置最节约开关量端子数？你认为哪种参数设置系统控制最简单？

项目 2.3 模拟量输入端子调速控制

【学习目标】

- 掌握 MM440 变频器模拟量输入通道端子。
- 掌握 MM440 变频器模拟量输入信号的设置方法。
- 掌握 MM440 变频器频率给定线的概念。
- 掌握 MM440 变频器频率给定线的设置方法。
- 掌握 MM440 变频器模拟量输入功能的设置方法。
- 掌握电位器调速控制的硬件电路、参数设置以及操作运行特点。
- 掌握变频器有效 "0" 的设置。
- 掌握死区参数的设置意义和设置方法。

【资格认证】

- 会进行模拟量控制调速的硬件接线、参数设置。
- 会进行电位器调速的硬件接线、参数设置。

【项目引入】

在变频中央空调控制系统中，空调的压缩机需要实时地根据室温的变化自动调节运行速度，温度传感器输出的是对应温度的电压或电流信号，这就需要变频器能够根据模拟量信号的变化调节运行速度。变频器的模拟量输入端子就可以接收电压或电流信号，根据接收的模拟信号的大小给定变频器输出频率。因此，熟知变频器模拟量输入信号类型的设置、给定的模拟量信号与输出的频率关系的设置才能正确利用变频器模拟量输入端子进行电动机速度的调节。

【任务描述】

1）设计电位器调速系统，并进行系统装调。

2）记录模拟量输入通道接收的模拟信号的大小与运行频率的对应关系，明确变频器模拟量调速时，运行频率对应的给定模拟量信号的大小。

2.3.1 变频器模拟量输入信号的设置

1. 模拟量输入端子介绍

西门子 MM440 变频器提供了两路模拟给定输入端子，通道 1 使用端子 3（Ain1+）、4（Ain1-），通道 2 使用端子 10（Ain2+）、11（Ain2-）。

当采用电压模拟量信号输入方式输入给定频率时，为了提高交流变频器调速系统的控制精度，必须配备一个高精度的直流稳压电源作为电压模

二维码 2-15
变频器模拟量
输入设置

拟量输入的直流电源。西门子 MM440 变频器端子 1、2 是为用户提供的一个高精度 10 V 直流稳压源，图 2-15 是外接电位器构成的调速电路，通道 1 接收的是 0~10 V 的电压信号 。

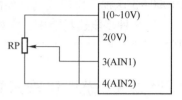

图 2-15　电位器调速硬件接线图

2. 模拟量输入信号类型设置

（1）参数设置

两路模拟量输入的相关参数以 in000 和 in001 区分，可以分别通过 P0756 [0] 和 P0756 [1] 设置两路模拟量通道的信号属性，具体见表 2-21。"带监控"是指模拟通道具有监控功能，当断线或信号超限，报故障 F0080。

表 2-21　P0756 参数的功能说明表

设 定 值	参 数 功 能
P0756 = 0	单极性电压输入（0~+10 V）
P0756 = 1	带监控的单极性电压输入（0~+10 V）
P0756 = 2	单极性电流输入（0~20 mA）
P0756 = 3	带监控的单极性电流输入（0~20 mA）
P0756 = 4	双极性电压输入（-10 V~+10 V）

（2）I/O 板上拨动开关 DIP 的设置

模拟量信号是电压信号还是电流信号，只设置 P0756 参数是不行的。还需要将变频器 I/O 板上的拨动开关 DIP 拨到合适的位置，如图 2-16 所示。若使用电压模拟量输入，变频器上配置的相应通道的 DIP 开关必须处于 OFF（0）位置，若使用电流模拟量输入，相应的 DIP 开关必须处于 ON（1）位置。

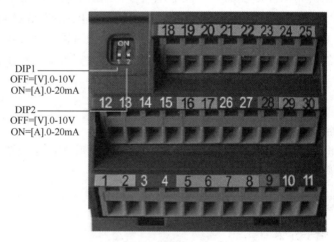

图 2-16　两路模拟量的 DIP 开关设置

图 2-15 中通道 1 接收单极性电压输入，变频器端子 3（Ain1+）、4（Ain1-）接收的是 0~10 V 的电压信号，对于这样的模拟量信号要正确的给定，需要在变频器上配置的 DIP1 开关并使其处于 OFF（0）位置，还需要设置 P0756=0（P0003 访问等级为 2）。

2.3.2 变频器频率给定线的设置

二维码 2-16
MM440 变频器
频率给定线的设置

1. 频率给定线

当频率选择参数 P1000 = 2 时，变频器由模拟量输入通道接收的模拟信号作为频率给定，变频器的频率给定信号 x 与对应的给定频率 f_x 之间的关系曲线，称为频率给定线。

2. 频率给定线的设置方法

频率给定线通过参数 P0757 ~ P0761 设置。表 2-22 中参数 P0757 ~ P0761 的设定值为默认值。

表 2-22 变频器模拟量输入参数设置表

参　　数	设　定　值	参　数　功　能
P0757	0	0 V 对应 0% 的标度，即 0 Hz
P0758	0%	
P0759	10	10 V 对应 100% 的标度，即 50 Hz
P0760	100%	
P0761	0	死区宽度为 0 V

在频率给定信号 x 从 0 增大至最大值的 x_{max} 过程中，给定频率 f 线性地从 0 增大到最大频率，f_{max} 的频率给定线称为基本频率给定线。其起点为（$x=0$；$f_x=0$）；终点为（$x=x_{max}$；$f_x=f_{max}$）。

在生产实践中，常常遇到这样的情况：生产机械所要求的最低频率及最高频率常常不是 0 Hz 和额定频率，或者说，实际要求的频率给定线与基本频率给定线并不一致。所以，需要对频率给定线进行适当的调整，使之符合生产实际的需要。

因为频率给定线是直线，所以调整的着眼点是：频率给定线的起点（即当给定信号为最小值时对应的频率）和频率给定线的终点（即当给定信号为最大值时对应的频率）。起点通过参数 P0757 以及参数 P0758 进行设置，终点通过参数 P0759 以及参数 P0760 进行设置。

表 2-22 设置的参数值就是基本频率给定线，给定的信号为电压信号 U_G，其起点为（$U_G=0$；$f_x=0$）；终点为（$U_G=10$；$f_x=50$）。其给定信号 U_G 与输出给定频率 f_x 的线性关系如图 2-17 所示中的①线，若起点为（$U_G=2$；$f_x=0$）；终点为（$U_G=10$；$f_x=30$），只需要将参数 P0757 设置为 2，将参数 P0760 设置为 60%，其频率给定线如图 2-17 中的②线。

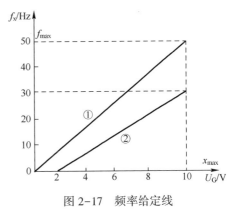

图 2-17 频率给定线

2.3.3 电位器调速电路的装调

二维码 2-17
电位器调速
电路的装调

1. 控制要求

在很多机床加工设备中，针对不同材料或工艺要求，由电动机驱动的加工装置的运行速度需要连续可调，常通过外部电位器进行调节。本次任务由面板起停按键控制变频器的起停，通过外部电位器控制变频器调速。

2. 硬件电路

本次任务除了完成变频器主电路接线，还需要用到变频器的模拟量输入端子，输入的模拟量信号通过外部电位器进行调节，电位器两端的直流电压在此取自 MM440 变频器内部 10 V 电源，电位器调速硬件接线如图 2-18 所示。

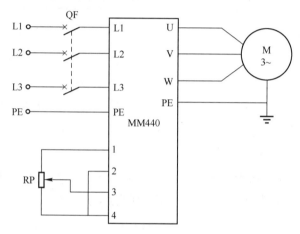

图 2-18　外部电位器控制电动机调速的硬件接线

3. 参数设置

接通变频器电源，设置变频器的参数。需要设置的参数和功能见表 2-23。

表 2-23　设置参数表

序　号	参数及设定值	参 数 功 能
1	P0003 = 3	设置用户访问等级为 3 级
2	P0700 = 1	用面板控制变频器起停
3	P1000 = 2	模拟量设定值
4	P0756 = 0	单极性电压输入
5	P0757 = 0	0 V 给定
6	P0758 = 0	0% 的标度，也就是 0 Hz 运行
7	P0759 = 10	10 V 给定
8	P0760 = 100	100% 的标度，也就是 50 Hz 运行
9	P0761 = 0	死区宽度为 0 V

4. 操作运行

1）调节电位器，将模拟量通道1（端子3、4）接收的电压调为0 V。

2）按下变频器起动键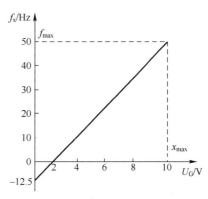，变频器起动，此时运行频率为0，电动机不转。

3）调节电位器，当模拟量通道接收的电压为1 V时，电动机以5 Hz频率对应的速度运行，当接收的电压为2 V时，电动机以10 Hz频率对应的速度运行；可以看出，每1 V的给定电压变化，将会有5 Hz的输出频率变化，连续调节电位器，输出变频将会有连续的变化。

4）若将参数P0757修改为2，频率给定线的起点不在原点，此时的频率给定线如图2-19所示，每1 V的给定电压变化，将会有6.25 Hz的输出频率变化，当给定电压信号低于2 V时，变频器输出频率为负值，电动机运行方向发生改变。

图 2-19 频率给定线（起点不在原点）

2.3.4 变频器有效 "0" 的设置

二维码 2-18
MM440 变频器
有效 "0" 的设置

1. 有效 "0" 的设置

当变频器的模拟量输入给定信号为单极性的信号时，若变频器的实际最小给定信号不等于$0(x_{min} \neq 0)$，从前面的任务实施结果可知，当给定信号$x = 0$时，变频器输出频率将低于0 Hz，跳变为反转的最大频率，电动机将从正常工作状态转入高速反转状态。

在生产过程中，万一给定信号因电路接触不良或其他原因而"丢失"，则变频器的给定输入端得到的信号为"0"，这种情况的出现将是十分有害的，甚至有可能损坏生产机械。对此，变频器中设置了一个有效"0"功能，其频率给定线如图2-20所示。

图2-19中，变频器输出的频率为0时，其给定模拟信号$x_0 \neq 0$时，当给定信号$x < x_0$时，变频器输出负的频率值，电动机将反向运转。为了防止给定模拟量信号消失（$x = 0$）时，电动机将从正常工作状态转入高速反转状态，设置了有效"0"功能。有效"0"功能区宽度d

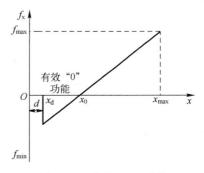

图 2-20 有效 "0" 功能

的大小可以通过参数P0761进行设置。若$x_d = 0.5$，则将参数P0761设置为0.5。

2. 死区的设置

用模拟量给定信号进行正反转控制时，"0"速控制很难稳定，在给定信号为"0"时，常常出现正转相序与反转相序的"反复切换"现象。为了防止这种"反复切换"现象，需要在有效"0"功能附近设定一个死区，如图2-21所示。

MM440变频器通过参数P0761设置频率给定线死区的宽度Δx。若死区宽度要求为0.2，参数P0761应设置为死区宽度的一半，即0.1。

【例】某用户要求，当模拟给定信号为2~10 V时，变频器输出频率为-50~+50 Hz。带

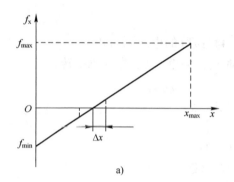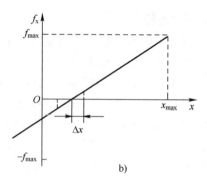

图 2-21 变频器的死区功能

a) 给定信号为单极性 b) 给定信号为双极性

有中心为 "0" 且宽度为 0.2 V 的死区，试确定频率给定线。

可见与 2 V 对应的频率为-50 Hz，与 10 V 对应的频率为+50 Hz，作出频率给定线，如图 2-22 所示。

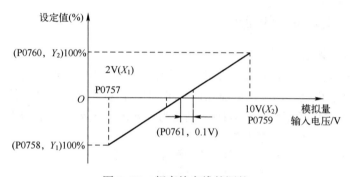

图 2-22 频率给定线的调整

可直接得出，起点坐标：P0757 = 2 V，P0758 = -100%。

终点坐标：P0759 = 10 V，P0760 = 100%。

死区电压：P0761 = 0.1 V。

2.3.5 思考与练习

一、单选题

1. MM440 变频器有几路模拟量输入通道 (　　)。

A. 1　　　　　B. 2　　　　　C. 3　　　　　D. 4

2. 当 MM440 变频器用模拟量来给定变频器的运行频率时，对应的参数 P1000 = (　　)。

A. 1　　　　　B. 2　　　　　C. 3　　　　　D. 5

3. 如图 2-23 所示的频率给定线，相应的功能参数设置为 (　　)。

A. P0757 = 0，P0758 = 0，P0759 = 10，P0760 = 50，P0761 = 0

B. P0757 = 0，P0758 = 0，P0759 = 10，P0760 = 50，P0761 = 1

C. P0757 = 0，P0758 = 0，P0759 = 10，P0760 = 100，P0761 = 0

D. P0757 = 0，P0758 = 0，P0759 = 10，P0760 = 100，P0761 = 1

4. 如图 2-24 所示的频率给定线，对应的参数设置为 (　　)。

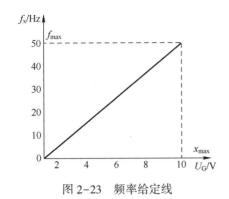

图 2-23 频率给定线

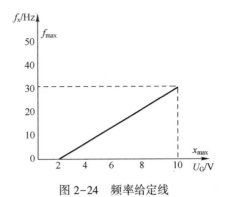

图 2-24 频率给定线

A. P0757 = 2，P0758 = 0，P0759 = 10，P0760 = 30，P0761 = 0

B. P0757 = 2，P0758 = 0，P0759 = 10，P0760 = 60，P0761 = 0

C. P0757 = 2，P0758 = 0，P0759 = 10，P0760 = 60，P0761 = 2

D. P0757 = 2，P0758 = 0，P0759 = 10，P0760 = 30，P0761 = 2

5. 如图 2-25 模拟量通道外接电位器接线图，通道 3、4 接收的信号及信号范围，以及接收信号类型及范围要设置的参数是（　　　）。

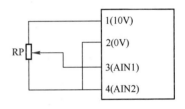

图 2-25 模拟量通道外接电位器

A. 0~10 V 的电压信号，P0756

B. −10 V~10 V 的电压信号，P0756

C. −10 V~10 V 的电压信号，P0757

D. 0 V~10 V 的电压信号，P0757

6. 变频器用模拟量调速时，给定模拟量是电压信号，频率给定线对应参数设置为：P0757 = 0，P0758 = 0，P0759 = 10，P0760 = 100，P0761 = 0。

在这样的设置下，给定电压为 6 V，运行频率为（　　　）。

A. 40　　　　B. 30　　　　C. 10　　　　D. 20

7. 变频器用模拟量调速时，给定模拟量是电压信号，频率给定线对应参数设置为：P0757 = 2，P0758 = 0，P0759 = 10，P0760 = 80，P0761 = 2。

在这样的设置下，给定电压为 1 V，运行频率为（　　　）。

A. 0　　　　B. 5　　　　C. 10　　　　D. 20

二、简答题

设置以下参数对应的频率给定线，绘出频率给定线。

1. P0757 = 1，P0758 = 0，P0759 = 8，P0760 = 100，P0761 = 1。

2. P0757 = 1，P0758 = 0，P0759 = 8，P0760 = 100，P0761 = 0.5。

3. P0757 = 0，P0758 = −60，P0759 = 10，P0760 = 100，P0761 = 0.5。

三、设计题

控制要求：利用变频器的开关量输入端子实现变频器起停控制，使用外部电位器实现电动机运行调速的实时调节，最低运行频率为 5 Hz。设计硬件电路，设置对应的参数。

模块 3　基于 PLC 的变频调速

项目 3.1　PLC 与变频器的连接

【学习目标】

- 了解 PLC 与变频器的连接方式。
- 了解 PLC 与变频器 3 种连接方式的应用场合。

【资格认证】

- 会进行 PLC 与变频器的数字量端子连接。
- 会进行 PLC 与变频器的模拟量端子连接。

【项目引入】

PLC 作为传统继电器的替代产品，广泛应用于工业控制的各个领域。由于 PLC 可以用软件来改变控制过程，并有体积小、编程简单、抗干扰能力强及可靠性高等特点。利用变频器构成自动控制系统时，很多情况下是采用 PLC 和变频器相配合使用，于是产生了多种多样的 PLC 控制变频器的方法。PLC 与变频器一般有 3 种连接方式：开关量信号的连接、模拟量信号的连接、通信连接。

【任务描述】

1）列举 PLC 与变频器的连接方式，进行连接信号的类型、等级的匹配。

2）查阅资料，举例说明 PLC 与变频器在不同连接方式下的典型应用。

3.1.1　开关量信号的连接

PLC 的开关量输出可以与变频器的开关量输入直接连接。利用 PLC 的开关量可以控制变频器的起停、正反转、点动、多段速等。

二维码 3-1　PLC
与变频器的连接

使用继电器触点进行连接时，常因接触不良而带来误动作；使用晶体管进行连接时，则需要考虑晶体管本身的电压、电流容量等因素，以保证系统的可靠性。另外，在设计变频器的输入信号电路时还应注意，当输入信号电路连接不当时，有时也会造成变频器的误动作。例如：当输入信号电路采用继电器等感性负载，继电器开闭时产生的浪涌电流带来的噪声有可能引起变频器的误动作，应尽量避免。

3.1.2　模拟量信号的连接

PLC 的模拟量输出模块输出 0~5 V（或 0~10 V）电压信号或 0~20 mA（或 4~20 mA）电流信号，可以作为变频器模拟量输入信号。这种控制方式接线简单，但需要选择与变频器输入阻抗匹配的 PLC 输出模块，且 PLC 的模拟量模块价格较为昂贵，此外还需要采取串联电阻分压使变频器适应 PLC 的电压信号范围，在布线连接时还应该将电路分开，保证主电路一侧的噪声不传至控制电路。

通常变频器也有模拟量输出，信号范围通常为 0~5 V（或 0~10 V）及 0~20 mA（或 4~20 mA）电流。无论哪种情况，都必须注意 PLC 一侧输入阻抗的大小合适以确保电路中的电压和电流不超过电路的容许值，从而提高系统的可靠性和减少误差。

由于变频器在运行过程中会产生较强的电磁干扰，为了保证 PLC 不因变频器主电路的断路及开关器件等产生的噪声而出现故障，在将变频器和 PLC 等上位机配合使用时还必须注意以下几点。

1）PLC 本体按照规定的标准和接地条件进行接地，此时应避免和变频器使用共同的接地线，并在接地时尽可能使两者分开。

2）当电源条件不太好时，应在 PLC 的电源模块以及输入/输出模块的电源线上接入噪声滤波器和降低噪声用的变压器等。此外，如有必要在变频器一侧也应采取相应措施。

3）当把变频器和 PLC 安装在同一操作柜中时，应尽可能使与变频器和 PLC 有关的电线分开。

4）通过使用屏蔽线和双绞线达到抗噪声水平提升的目的。

3.1.3　通信连接

西门子通用变频器有两种通信协议：USS 协议和通过 RS-485 接口的 PROFIBUS-DP。如果使用 PROFIBUS-DP 通信，必须使用 PROFIBUS-DP 模块 CB15；如果使用 USS 协议通信，可通过一个 SUB-D 插座连接，采用两线制的 RS-485 接口。以 USS 通信协议作为现场监控和调试协议，最多可连接 31 台通用变频器，最大数据传输速率为 19.2 kbit/s，然后可用一个主站，如工业计算机或 PLC 进行控制。USS 总线上的每一台通用变频器都有一个从站号（在参数中设定），各站点由唯一的标识码识别，主站依靠它来识别每一台通用变频器。

3.1.4　思考与练习

简答题

1. PLC 与变频器有哪几种连接方式？
2. PLC 与变频器模拟量连接时，其电压或电流信号的范围通常是多少？
3. 西门子通用变频器有哪些通信协议？

项目 3.2　PLC 与变频器数字量信号端连接的应用

【学习目标】

- 掌握 PLC 与变频器的数字量信号端口连接。
- 掌握 PLC、变频器实现可逆运行调速的方法。
- 掌握 PLC、变频器实现多段速运行调速的方法。

【资格认证】

- 会进行 PLC 控制变频器实现可逆运行的硬件接线、程序设计、参数设置。
- 会进行 PLC 控制变频器实现多段速运行的硬件接线、程序设计、参数设置。

【项目引入】

可逆运行、多段速运行是实现电动机方向、速度变换控制的基本要求，经常用于工作台的前进与后退、设备的上升与下降等场合。可逆控制、多段速控制是变频器调速的基本功能。用 PLC 控制变频器实现可逆、多段速运行时，只需要将电动机的起动、停止、速度控制信号作为 PLC 数字量输入信号，用 PLC 的数字量输出信号控制变频器的方向、速度控制数字量输入端口即可。

【任务描述】

1）设计 PLC 控制电动机可逆运行的调速系统，并进行系统装调。

2）设计 PLC 控制电动机多段速运行的调速系统，并进行系统装调。

3.2.1 可逆运行的 PLC 控制

电动机的正反转可实现生产机械正、反两个方向的运行，如送料系统的前进与后退，小型升降机、起重机吊钩的上升与下降。实现正反转可以通过变频器外部端子实现，也可以通过继电器控制电路或 PLC 控制实现。由于 PLC 控制具有可靠性高、在线编程方便、维护简单等优点，已逐渐代替继电器控制电路，成为变频调速系统控制器的主流。

1. 控制要求

本次任务是利用 PLC 控制变频器，实现电动机的可逆运行，具体要求如下。

1）电动机既可以正向运行，又可以反向运行，正向运行速度为 840 r/min，对应频率 30 Hz，电动机反向运行速度为 840 r/min，对应频率为 30 Hz。

2）电动机可以实现正反向点动运行。电动机点动转速 560 r/min，对应频率为 20 Hz。

2. 硬件电路

通过西门子 S7-200 SMART PLC 与 MM440 变频器联机，实现 MM440 控制端口开关操作，完成对电动机正反向运行、正反向点动运行的控制，由上述控制要求可确定 PLC 需要 5 个输入点，4 个输出点，其 I/O 分配见表 3-1，PLC 与 MM440 接线如图 3-1 所示。

二维码 3-2 PLC 控制可逆运行系统的硬件设计

表 3-1 PLC I/O 分配表

输 入			输 出		
输入继电器	连接的外部设备	作　用	输出继电器	MM440 端口	作　用
I0.0	SB1	正转起动按钮	Q0.0	5	正转/停止
I0.1	SB2	反转起动按钮	Q0.1	6	反转/停止
I0.2	SB3	停止按钮	Q0.2	7	正转点动
I0.3	SB4	正转点动按钮	Q0.3	8	反转点动
I0.4	SB5	反转点动按钮			

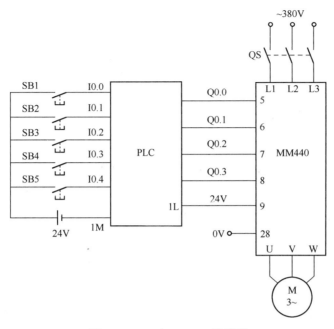

图 3-1　PLC 与 MM440 接线图

3. PLC 程序

按照电动机正反转运行与正反转点动运行的控制要求，及对 MM440 变频器数字量输入端口、S7-200 SMART 数字量输入/输出端口的变量约定，PLC 程序应实现下列控制：

1）当按下正转起动按钮 SB1 时，电动机正转；当按下停止按钮 SB3 时，电动机停止。

2）当按下反转起动按钮 SB2 时，电动机反转；当按下停止按钮 SB3 时，电动机停止。

3）当按下正转点动按钮 SB4 时，电动机正转点动运行；放开按钮 SB4 时，电动机停止。

4）当按下反转点动按钮 SB5 时，电动机反转点动运行；放开按钮 SB5 时，电动机停止。

PLC 控制梯形图如图 3-2 所示。

4. 变频器参数设置

变频器的参数设置见表 3-2。

表 3-2　变频器的参数设置

参　　数	出　厂　值	设　置　值	说　　　明
P0700	2	2	用外部端子控制变频器起停
＊P0701	1	1	用端子 5 控制正转起停
＊P0702	1	2	用端子 6 控制反转起停
＊P0703	9	10	正转点动
＊P0704	15	11	反转点动
P1000	2	1	频率设定值为键盘（MOP）设定值
P1080	0	0	电动机运行最低频率，单位为 Hz
P1082	50	50	电动机运行最高频率，单位为 Hz
＊P1040	5	30	设定键盘控制的频率，单位为 Hz
＊P1058	5	20	正转点动频率，单位为 Hz
＊P1059	5	20	反转点动频率，单位为 Hz

注：标 ＊ 的参数可根据用户实际需求进行设置。

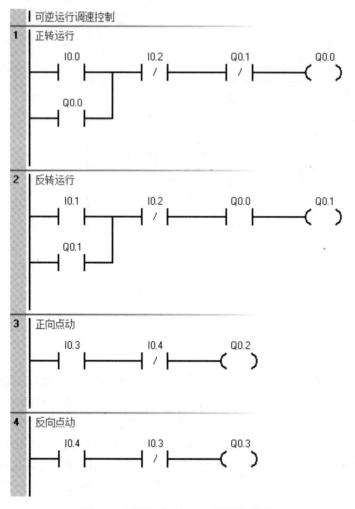

图 3-2　可逆运行的 PLC 控制梯形图

二维码 3-3　可逆运行 PLC 控制系统的参数设置

二维码 3-4　可逆运行 PLC 控制系统的安装与调试

5. 功能调试

1）电动机正转运行。

当按下正转按钮 SB1 时，观察 PLC 输出端子 Q0.0 输出、变频器输出频率、电动机运行等情况。

2）电动机反转运行。

反转运行操作与正转运行类似。为了保证正转和反转不同时进行，即 MM440 的端口 5 和 6 不同时为 ON，在程序设计中利用输出继电器 Q0.0 和 Q0.1 的常闭触点实现互锁。

3）电动机停车。

无论电动机当前处于正转还是处于反转工作状态，当按下停止按钮 SB3 时，输出继电器 Q0.0（或 Q0.1）失电，MM440 的端口 5（或 6）为 OFF，电动机停止运行。

4）电动机正向点动运行。

当按下正转点动按钮 SB4 时，PLC 输出继电器 Q0.2 得电，MM440 的端口 7 为 ON，电动机按正转点动频率 20 Hz 运行。

当放开正转点动按钮 SB4 时，输出继电器 Q0.2 失电，MM440 的端口 7 为 OFF，电动机停止运行。

5）电动机反转点动运行。

操作情况与正转点动运行类似。

6）切断电源，拆除接线，整理工作场所。

6. 任务拓展

1）正反转的方向、速度是如何实现的？

2）设计可逆运行循环工作系统，进行 PLC 编程、变频器参数设置及系统调试。具体要求为：起动后，电动机正转运行，速度为 840 r/min，10 s 后开始反转，反转运行速度为 840 r/min，10 s 后再次正转，并循环工作，直至按下停止按钮，电动机停止运行。

3.2.2 多段速的 PLC 控制

1. 控制要求

PLC 和变频器联机实现三段速固定频率控制，运行频率分别为：10 Hz（对应段速 280 r/min）、25 Hz（对应段速 700 r/min）、50 Hz（对应段速 1400 r/min），控制曲线如图 3-3 所示。各段速运行时间可以随意调整。

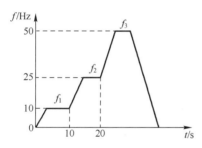

图 3-3　三段速固定频率控制曲线

二维码 3-5　PLC 控制的三段速运行

2. 硬件电路设计

通过西门子 S7-200 SMART PLC 和 MM440 变频器联机，按控制要求完成对电动机的控制。若变频器开关量端子参数设置为 16，采用"固定频率直接选择+1 命令"控制方式，则 PLC 需要 4 个输入点，3 个输出点，其 I/O 分配见表 3-3，PLC 与 MM440 接线如图 3-4 的示。

表 3-3　I/O 分配表

输　　　　入			输　　　　出		
输入继电器	连接的外部设备	作　　用	输出继电器	MM440 端口	作　　用
I0.0	SB1	速度 1 起停	Q0.0	5	固定频率 1 设置
I0.1	SB2	速度 2 起停	Q0.1	6	固定频率 2 设置
I0.2	SB3	速度 3 起停	Q0.2	7	固定频率 3 设置
I0.3	SB4	总停止按钮			

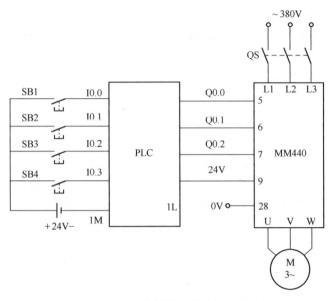

图 3-4　PLC 控制的三段速调速电路

3. PLC 程序设计

按照电动机控制要求及对变频器数字量输入端口、S7-200 SMART PLC 数字量输入/输出端口所做的变量约定，三段速控制 PLC 梯形图如图 3-5 所示。

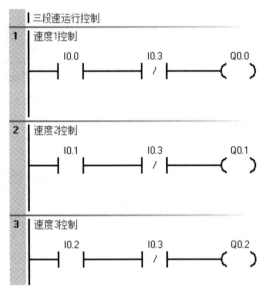

图 3-5　三段速控制 PLC 梯形图

4. 变频器参数设置

MM440 变频器数字量输入端口 5、6、7 通过 P0701、P0702、P0703 参数设置为三段速固定频率控制端，每一频段的频率可分别用 P1001、P1002 和 P1003 参数设置。三段速固定频率控制状态见表 3-4。

表 3-4　三段速固定频率控制状态表

固定频率	Q0.2 （端口 7）	Q0.1 （端口 6）	Q0.0 （端口 5）	对应频率的参数	频率 f/Hz	转速 n/(r/min)
1	0	0	1	P1001	10	280
2	0	1	0	P1002	25	700
3	1	0	0	P1003	50	1400

变频器的参数设置见表 3-5。

表 3-5　三段速固定频率控制时变频器的参数设置

参　　数	设　置　值	说　　明
P0700	2	量用外部端子控制变频器起停
P1000	3	选择固定频率设定值
＊P0701	16	选择固定频率
＊P0702	16	选择固定频率
＊P0703	16	选择固定频率
＊P1001	10	设置固定频率 1，单位为 Hz
＊P1002	25	设置固定频率 2，单位为 Hz
＊P1003	50	设置固定频率 3，单位为 Hz

注：标＊的参数可根据用户实际需求进行设置。

5. 功能调试

按图 3-4 将 PLC、变频器、电动机正确连线。合上电源开关，对电路进行通电。依次按下速度控制按钮 SB1、SB2、SB3，观察变频器的输出频率及电动机的速度变化，并记录表 3-6 中的数据。

表 3-6　运行数据记录

Q0.2 状态	Q0.1 状态	Q0.0 状态	输出频率
0	0	0	
0	0	1	
0	1	0	
1	0	0	

二维码 3-6　PLC
控制三段速运行
电路的安装与调试

3.2.3　思考与练习

简答题

1. 三段速频率的设置中，频率值的大小分别由什么因素决定？是否还有其他办法实现三段速的控制？若开关量端子参数设置为 15 或 17，硬件电路、PLC 程序、变频器参数应做何调整？

2. 设计四段速控制系统，电动机可依次实现 10 Hz、20 Hz、30 Hz、50 Hz 四档速度运行，控制曲线如图 3-6 所示。

3. 你能想出几种实现四段速的控制方法？它们的硬件、软件、参数的区别是什么？

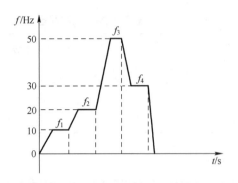

图 3-6　四段速固定频率控制曲线

项目 3.3　PLC 与变频器模拟量信号端连接的应用

【学习目标】

- 掌握变频器模拟量输入调节速度的方法。
- 掌握将 PLC 模拟量输出与变频器模拟量输入进行连接的应用。
- 掌握将变频器模拟量输出与 PLC 模拟量输入进行连接的应用。

【资格认证】

- 会进行 PLC 与变频器之间的模拟量输入/输出端子的连接。
- 会进行 PLC 与变频器模拟量连接时信号的判断、等级的匹配。

【项目引入】

变频器存在一些数值型（如频率、电压等）指令信号的输入，可分为数字量输入和模拟量输入两种。数字量输入多通过变频器面板上的键盘操作和串行接口来给定；模拟量输入则通过接线端子由外部给定。PLC 的模拟量输出模块输出 0 ~ 10 V 电压信号或 0 ~ 20 mA 电流信号，可作为变频器的模拟量输入信号，控制变频器的输出频率。

变频器模拟量输出是指变频器通过模拟量输出端子输出模拟量给监控设备或者上位机等。可以利用模拟量输出来实现对现场工艺参数的监控，并且可以对重要的工艺参数添加提醒功能，以方便现场操作，保证产品质量。变频器模拟量输出端子一般连接 PLC、HMI 或者其他的控制设备。

【任务描述】

1）以 PLC 模拟量输出连接变频器模拟量输入为例，设计地下停车场排风控制系统，并进行系统装调。

2）以变频器模拟量输出连接 PLC 模拟量输入为例，设计电动机转速超范围控制系统，并进行系统装调。

3.3.1　EM AM06 模拟量模块

EM AM06 模拟量模块是 S7-200 SMART PLC 模拟量扩展模块，有 4 路模拟量输入和 2 路模拟量输出通道，它通过左侧插针接头与 PLC 相连接，EM AM06 模块实物如图 3-7 所示。

（1）EM AM06 的端子与接线

模拟量模块有专用的插针接头与 CPU 通信，并通过此电缆由 CPU 向模拟量模块提供 DC 5 V 的电源。此外，模拟量模块必须外接 DC 24 V 电源。模拟量模块 EM AM06 上有模拟量输入和输出，其外围接线如图 3-8 所示。

图 3-7 EM AM06 模块实物图

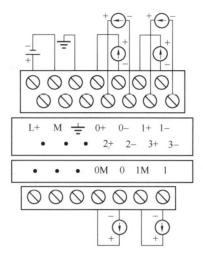

图 3-8 EM AM06 模块接线图

二维码 3-7 模拟量模块 EM AM06 认知

（2）模拟量的地址分配

在用"系统块"功能组态硬件时，STEP 7-Micro/WIN SMART 自动地分配各模块和信号的地址，各模块的起始地址不需要读者记忆，使用时打开"系统块"后便可知晓。具体地址分配见表 3-7。

表 3-7 模拟量模块的起始 I/O 地址

CPU	信号板	信号模块 0	信号模块 1	信号模块 2	信号模块 3	信号模块 4	信号模块 5
—	无 AI 信号板	AIW16	AIW32	AIW48	AIW64	AIW80	AIW96
—	AQW12	AQW16	AQW32	AQW48	AQW64	AQW80	AQW96

若模拟量模块 EM AM06 被插入第 3 号信号模块槽位，前面无任何模拟量扩展模块，则输入/输出的地址分别为 AIW64、AIW66、AIW68、AIW70 和 AQW64、AQW66，即同样一个模块被插入的物理槽位不同，其起始地址也不相同，并且地址也被固定。

（3）模拟值的表示

模拟量模块 EM AM06 有 4 个输入通道，分别为通道 0、通道 1、通道 2、通道 3，它们既可测量直流电流信号，也可测量直流电压信号，但不能同时测量电流和电压信号，只能二选一。信号范围：0~20 mA、±10 V、±5 V 和±2.5 V；满量程数字量为：-27648~+27648 和 0~27648。若某通道选用 0~20 mA 的电流信号，当检测到电流值为 5 mA 时，经 A/D 转换后，读入 PLC 中的数字量应为 6912。

模拟量模块 EM AM06 有两个输出通道，既可输出电流，也可输出电压信号，应根据需要选择。信号范围：±10 V 和 0~20 mA，对应数字量为-27648~+27648 和 0~27648。若需要输出电压信号为 5 V，则需将数字量+13824 经模拟量输出模块输出即可。

（4）模拟量的读写

模拟量输入和输出均为一个字长，地址必须从偶数字节开始，其格式如下。

AIW［起始字节地址］，例如：AIW16。

AQW［起始字节地址］，例如：AQW32。

一个模拟量的输入被转换成标准的电压或电流信号，如 0~10 V，然后经 A/D 转换器转换成一个字长（16 位）的数字量，存储在模拟量存储区 AI 中，如 AIW32。对于模拟量的输出，S7-200 SMART PLC 将一个字长的数字量，如 AQW32，用 D/A 转换器转换成模拟量。

若想读取接在扩展插槽 0 上的模拟量模块通道 2 上的电压或电流信号，可通过以下指令读取，或在程序中直接使用 AIW20 储存区：

    MOVW   AIW20，   VW0

若想从接在扩展插槽 0 上的模拟量模块通道 1 上输出电压或电流信号，可通过以下指令输出：

    MOVW   VW10，   AQW18

（5）模拟量的组态

每个模块能同时输入/输出电流或电压信号，对于模拟量输入/输出信号类型及量程的选择都是通过 PLC 软件系统块的组态来完成。

选中"系统块"表格中相应的模拟量模块（如图 3-9 所示），单击左边窗口的"模块参数"，可以设置实时启用用户电源报警。

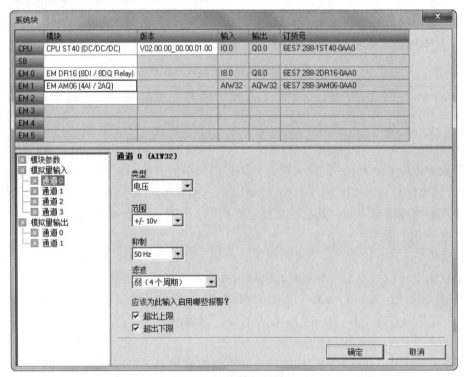

图 3-9　组态模拟量输入

选中某个模拟量输入通道，可以设置模拟量信号的类型（电压或电流）、测量范围、干扰抑制频率、是否启用超上限/超下限报警。干扰抑制频率用来抑制设置频率的交流信号对模拟量输入信号的干扰，一般设为 50 Hz。

为偶数通道选择的"类型"同时适用于其后的奇数通道，例如为通道 2 选择的类型也适用于通道 3。为通道 0 设置的干扰抑制频率同时用于其他所有的通道。

模拟量输入采用平均值滤波，有"无、弱、中、强"4 种平滑算法可供选择。滤波后的值是所选的采样次数（分别为 1、4、16、32 次）的各次模块量输入的平均值。采样次数越多，滤波后的值越稳定，但是响应较慢，采样次数少滤波效果较差，但是响应较快。

3.3.2 地下停车场排风控制

在地下停车场排风系统中常使用 PLC 与变频器相配合，将地下停车场内汽车产生的有害气体排除，送入新鲜的空气，使各种有害物含量符合国家规定的卫生标准要求，还能实现火灾发生初期的排烟功能，控制烟雾的扩散，强制排掉产生的烟雾。

1. 控制要求

本次任务是 PLC 通过模拟量输出控制变频器进行速度调节，实现地下停车场排风控制，控制要求如下。

1）实现变频器的起动、停止控制。

2）通过 PLC 的模拟量输出控制变频器的运行频率。

3）变频器上有运行显示和故障显示。

2. 硬件电路

（1）电气连接原理图

二维码 3-8　PLC 识别变频器运行频率的方法

S7-200 SMART PLC 通过模拟量模块 EM AM06 控制变频器的运行频率，变频器的开关量输出端子用于监控变频器运行和报警的信号，用于变频器起动、停止和速度调节的按钮连接在 PLC 的输入端，具体电气连接原理图如图 3-10 所示。

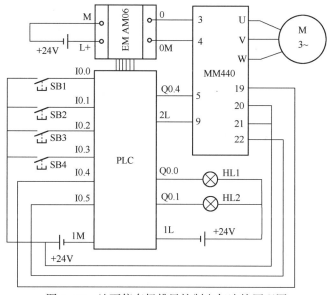

图 3-10　地下停车场排风控制电气连接原理图

（2）I/O 分配

根据控制要求，确定 I/O 分配见表 3-8。

表 3-8　I/O 分配表

输入（I）			输出（O）		
输入继电器	连接的外部设备	作　用	输出继电器	连接的外部设备	作　用
I0.0	SB1	起动按钮	Q0.0	HL1	运行指示
I0.1	SB2	停止按钮	Q0.1	HL2	故障指示
I0.2	SB3	频率增按钮	Q0.4	变频器端子 5	变频器起停控制
I0.3	SB4	频率减按钮			
I0.4	变频器的继电器 1 输出	运行信号			
I0.5	变频器的继电器 2 输出	故障信号			

3. 变频器参数设置

S7-200 SMART PLC 通过模拟量模块控制变频器运行时，首先要对变频器参数进行设置，见表 3-9。

表 3-9　变频器参数设置

参数	设置值	说　　　明
P0700	2	运行命令源为外部端子控制方式
P0701	1	变频器正向运行
P1000	2	频率命令源为模拟量给定方式
P0756	0	单极性电压输入（0~10 V）
P0757	0	0 V 对应 0% 的标度，即 0 Hz
P0758	0	
P0759	10	10 V 对应 100% 的标度，即 50 Hz
P0760	100	
P0761	0	死区宽度为 0 V
P0731	52.2	变频器正在运行
P0732	52.3	变频器故障

4. PLC 程序

编写程序并下载到 S7-200 SMART PLC 的 CPU 中，程序如下：当 I0.0=1 时，起动变频器；当 I0.1=1 时，为自由停车；当 I0.2=1 时，增加变频器运行频率；当 I0.3=1 时，减小变频器运行频率；当 I0.4=1 时，变频器正在运行；当 I0.5=1 时，变频器运行故障。由 MW20 调节变频器运行频率。具体控制梯形图如图 3-11 所示。

二维码 3-9　PLC 的模拟量输出的调速控制设计

5. 功能调试

按下起动按钮 SB1，起动变频器。按下停止按钮 SB2，变频器停止运行。再次按下起动按钮 SB1，起动变频器后按下频率增按钮 SB3，增加 PLC 程序中 MW20 的数值，从而增加变频器运行频率，即提高排风速度；按下频率减按钮 SB4，减小 PLC 程序中 MW20 的数值，

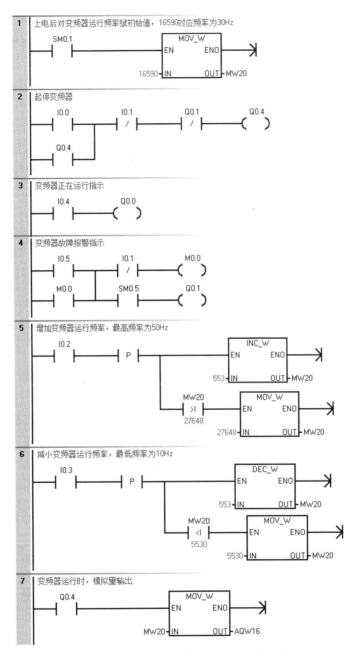

图 3-11　地下停车场排风控制 PLC 梯形图

从而减小变频器运行频率，即降低排风速度。变频器正在运行时，运行指示灯 HL1 点亮；当变频器发生故障时，故障报警指示灯 HL2 以秒级闪烁。

3.3.3　电动机转速超范围报警控制

在工业应用中，变频器驱动电动机而带动的多种机构或装置中，运行速度要求平稳，而且运行速度必须控制在某个范围内。

电动机运行速度的实时监测可使用 PLC 与变频器来实现，即变频器驱动电动机运行时，其模拟量输出端输出模拟量的大小与电动机运行的速度成正比，将变频器输出的模拟量通过PLC的模拟量输入模块反馈给PLC，若电动机运行速度超出限制范围时则发出报警指示。

1. 控制要求

本次的任务是将变频器的模拟量输出反馈给PLC，实现电动机速度超范围报警控制，控制要求如下。

1）实现变频器的起动、停止控制。

2）电动机的运行速度由电位器进行调节。

3）通过变频器的模拟量输出实现电动机速度超范围（高于40 Hz，低于10 Hz）报警控制。

2. 硬件电路

（1）电气连接原理图

变频器模拟量输出通过模拟量模块 EM AM06 反馈给 S7-200 SMART PLC，控制变频器起动和停止的按钮连接在 PLC 的输入端，具体电气连接原理图如图 3-12 所示。

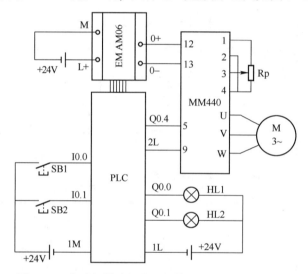

图 3-12　电动机转速超范围报警控制电气连接原理图

（2）I/O 分配

根据控制要求确定 I/O 分配，见表 3-10。

表 3-10　I/O 分配表

输入（I）			输出（O）		
输入继电器	连接的外部设备	作　用	输出继电器	连接的外部设备	作　用
I0.0	SB1	起动按钮	Q0.0	HL1	上限报警指示
I0.1	SB2	停止按钮	Q0.1	HL2	下限报警指示
			Q0.4	变频器端子5	变频器起停控制

3. 变频器参数设置

通过变频器模拟量输出来监测电动机运行速度是否超出范围时，首先要对变频器参数进行设置，见表 3-11。

表 3-11 变频器参数设置

参数	设置值	说　明
P0700	2	运行命令源为外部端子控制方式
P0701	1	变频器正向运行
P1000	2	频率命令源为模拟量给定方式
P0756	0	单极性电压输入（0~10 V）
P0757	0	0 V 对应 0% 的标度，即 0 Hz
P0758	0	
P0759	10	10 V 对应 100% 的标度，即 50 Hz
P0760	100	
P0761	0	死区宽度为 0 V
P0771	21	变频器运行频率输出
P0776	0	电流 0~20 mA 输出
P0777	0	0% 标度转速（即 0% Hz）对应于 0，即 0 mA
P0778	0	
P0779	100	100%n_N 标度转速（即 100% Hz）对应于 20，即 20 mA
P0780	20	

4. PLC 程序

编写程序并下载到 PLC 中，程序如下：当 I0.0 = 1 时，起动变频器；当 I0.1 = 1 时，变频器自由停车。手动旋转电位器来调节变频器运行频率。其 PLC 梯形图如图 3-13 所示。

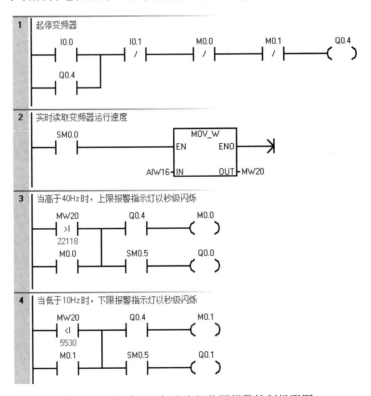

图 3-13　电动机运行速度超范围报警控制梯形图

5. 功能调试

按下起动按钮 SB1，起动变频器。按下停止按钮 SB2，变频器停止运行。再次按下起动按钮 SB1，手动旋转电位器调节变频器运行频率，当运行的频率高于 40 Hz，或低于 10 Hz 时，超限报警指示均以秒级闪烁，同时变频器停止运行。

3.3.4 思考与练习

简答题

1. 简要分析"地下停车场排风控制系统"的工作原理。

2. 简要分析"电动机运行速度超范围报警控制系统"的工作原理。

3. 以"地下停车场排风控制电路"为例，分析 PLC 模拟量输出与变频器模拟量输入是如何连接的？变频器需要设置哪些参数？

4. 以"电动机运行速度超范围报警控制电路"为例，分析 PLC 模拟量输入与变频器模拟量输出是如何连接的？变频器需要设置哪些参数？

项目 3.4 PLC 与变频器通信连接的应用

【学习目标】

- 掌握用 USS（Universal Serial Interface，通用串行接口）协议控制变频器起停、调速的方法。
- 掌握用 USS 协议控制变频器运行的控制电路、软件程序、参数设置的方法。
- 掌握用 PROFIBUS-DP 现场总线控制变频器运行的方法。

【资格认证】

- 掌握 PROFIBUS 等网络通信基础知识。
- 掌握设备级网络通信硬件配置方法。
- 会进行 PLC 与变频器等智能设备之间通信的参数设置、组态方法。
- 会进行 PLC、变频器等组成的多功能控制系统的调试。

【项目引入】

随着工业自动化水平的不断提高，通过网络通信进行数据交换越来越普遍。PLC 与变频器通信功能的实现，为自动化水平提高向前迈了一大步。通过 USS 协议、PROFIBUS-DP 等网络通信功能，可将 PLC 信号传输给变频器，实现控制电动机的运转功能。PLC 与变频器通信控制方式具有抗干扰能力强、传输距离远、硬件简单、成本较低等优点。

【任务描述】

1）设计基于 USS 协议的 PLC 与变频器之间的数据通信系统，控制变频器运行，并进行系统调试。

2）设计基于 PROFIBUS-DP 现场总线的 PLC 与变频器之间的数据通信系统，控制变频器运行，并进行系统调试。

3.4.1 基于 USS 协议的变频器运行控制

西门子的小型变频器与 S7-200 SMART PLC 之间的通信可采用 USS 方式。利用 PLC 与变频器的 USS 协议通信，不仅接线少，而且传输信息量大，维护和扩展系统功能方便。USS 协议是传动产品（变频器等）通信的一种协议，为主-从总线结构。总线上的每个传动装置有一个从站号（在参数中设定），主站（PC、西门子 PLC）依靠它识别每个传动装置。S7-200 SMART PLC 可以作为主站，用户使用指令可以方便地实现对变频器的控制，包括变频器的起动、频率设定、参数修改等操作。

1. 控制要求

本次的任务是利用 USS 协议进行 PLC 与变频器之间数据通信，实现变频器的运行控制，控制要求如下。

1）利用 PLC 与变频器通信，实现变频器的起动、停止、正反转等控制。

2）利用 PLC 设置变频器参数。

3）通信波特率设置为 19200 bit/s，变频器作为从站，地址为 1。

4）变频器有运行显示、方向显示、禁止运行显示和故障显示。

2. 硬件电路

（1）主站与从站

使用一根标准的 PROFIBUS 电缆接在 S7-200 SMART PLC 通信口的端子 1、3、8，电缆另一端是无插头的，对应的 3 根线分别接到变频器的端子上 PE、29、30。S7-200 SMART PLC 的 CPU 模块 SR40 最多可以接 31 台变频器，每台变频器要有唯一的站址，通过变频器的参数进行设置。基于 USS 协议的 S7-200 SMART PLC 主站与 MM440 变频器从站的通信接线如图 3-14 所示。

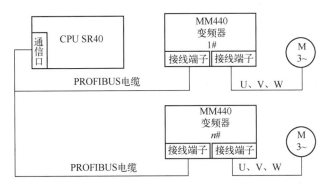

图 3-14　基于 USS 协议 PLC 控制变频器运行的通信连接

（2）I/O 分配及硬件电路

根据控制要求，确定 I/O 分配见表 3-12，硬件电路如图 3-15 所示。

3. USS 协议专用指令块

PLC 提供的 USS 协议指令有 USS_INIT 和 USS_CTRL。

USS_INIT 指令块用于启用和初始化（或禁止）变频器通信，例如端口 0 选择 USS 通信协议或 PPI 通信协议。选择 USS 协议与变频器通信后，端口 0 将不能用于其他任何操作。在使用其他任何 USS 协议指令之前，必须执行 USS_INIT 指令且无错。一旦该指令完成，立刻置位"Done"，才能执行下一条指令。USS_INIT 指令块如图 3-16 所示。指令块说明见表 3-13。

表 3-12　I/O 分配表

输入（I）			输出（O）		
输入继电器	连接的外部设备	作　用	输出继电器	连接的外部设备	作　用
I0.0	SB1	起动按钮	Q0.0	HL1	运行指示
I0.1	SB2	停止按钮	Q0.1	HL2	方向指示
I0.2	SB3	急停按钮	Q0.2	HL3	禁止运行指示
I0.3	SB4	故障复位按钮	Q0.3	HL4	故障指示
I0.4	SA1	方向转换开关			
I0.5	SA2	频率设置开关			

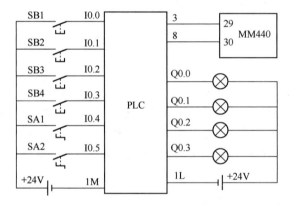

图 3-15　基于 USS 协议 PLC 控制变频器运行的硬件电路　　图 3-16　USS_INIT 指令块

表 3-13　USS_ INIT 指令块说明

参数	描　　述
EN	使能输入端
Mode	选择通信协议：USS=1，激活 USS 协议；USS=0，禁止 USS 协议
Baud	设置 USS 协议通信波特率（bit/s）：1200、2400、4800、9600、19200、38400、57600、115200 此参数要和变频器的参数设置一致
Port	设置物理通信端口（0=CPU 中集成的 RS-485，1=可选 CM01 信号板上的 RS-485 或 RS-232）
Active	指出与之通信的变频器的站地址。该参数为一个双字，D0~D30 的每一位对应一个站，该位为 1 时的数值即该站的 Active 值。例如，0 号站的 Active=1，1 号站的 Active=2，2 号站的 Active=4，3 号站的 Active=8
Done	初始化完成标志。当 USS_INIT 指令块执行完毕，该参数被置为 1
ERR	初始化错误代码。该参数为一个字节

USS_CTRL 指令块用于控制 Active（起动）变频器，每台变频器只能使用一条该指令。USS_CTRL 指令块如图 3-17 所示。指令块说明见表 3-14。

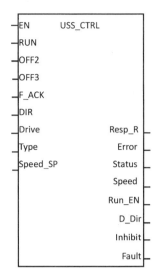

图 3-17 USS_CTRL 指令块

表 3-14 USS_CTRL 指令块说明

参数	描 述
EN	使能输入端,该位必须为 ON,才能启用 USS_CTRL 指令
RUN	RUN=1,起动变频器,按指定的速度和方向运行;RUN=0,变频器停止
OFF2	变频器自由停车
OFF3	变频器快速停车
F_ACK	确认变频器故障。当该位从 0 变为 1 时,变频器清除错误
DIR	控制电动机运行方向:DIR=1,顺时针旋转;DIR=0,逆时针旋转
Drive	指出与之通信的变频器的站地址。该参数有效值为 0~31
Type	选择变频器类型。MM3 变频器类型设置为 0,MM4 或 SINAMICS G110 变频器设置为 1
Speed_SP	速度设定值。该数值是变频器的频率范围百分比还是绝对频率值,取决于变频器的参数设置。Speed_SP 为负值将使变频器反转 例如 MM440,当 P2009=0 时,该数值为全速的百分比,范围为-200%~+200%。当 P2009=1 时,该数值为绝对频率值
Resp_R	刷新位,确认来自变频器的响应。对所有起动的变频器,要轮询变频器的最新状态信息。每次 PLC 接收到来自变频器的响应时,Resp_R 位就会接通一次扫描,并更新一次所有相应的值
ERR	错误返回代码,该参数为一个字节
Status	变频器返回的状态字的原始值
Speed	速度回馈,变频器返回的实际运转速度值
D_Dir	运行方向回馈,表示变频器的旋转方向
Run_EN	运行模式回馈,表示变频器是运行还是停止:Run_EN=1,运行;Run_EN=0,停止
Fault	表示故障位的状态(0=无错误,1=有错误),变频器显示故障代码。要清除故障位,需要纠正故障原因,并接通 F_ACK 位
Inhibit	表示变频器的禁止位状态(0=不禁止,1=禁止)。欲清除禁止位,Fault 位必须为 OFF,RUN、OFF2、OFF3 输入也须为 OFF

4. 变频器参数设置

S7-200SMART PLC 采用 USS 协议与变频器通信时，首先要对变频器参数进行设置，见表 3-15。

表 3-15　变频器参数设置

参　　数	设置值	说　　明
P0700	5	运行命令源为远程控制方式，即通过 USS 通信方式接收命令
P1000	5	频率命令源来自 USS 通信，允许通过 USS 通信方式设定频率
P2009	0	频率设定值为百分比，范围为-200%~+200%
P2010[0]	7	RS-485 串行口的波特率为 19200 bit/s。该参数必须与 PLC 主站的波特率一致，P2010[0]与波特率关系如下： 　　4——波特率为 2400 bit/s 　　5——波特率为 4800 bit/s 　　6——波特率为 9600 bit/s 　　7——波特率为 19200 bit/s 　　8——波特率为 38400 bit/s 　　9——波特率为 57600 bit/s 　　12——波特率为 115200 bit/s
P2011[0]	1	变频器站地址为 1（从站地址范围为 0~31）

5. PLC 程序

（1）定义 USS 协议内部变量

起动 SETP7-Micro/WIN32 SMART 编程软件，在项目的符号表中，单击 USS 协议，打开 USS 协议符号表，在 USS 协议地址列的第一行输入起始地址，例如 VB1000，其他符号的地址则自动生成。

（2）编写程序

编写程序并下载到 S7-200 SMART PLC 的 CPU 中，程序如下：变频器驱动控制，当 I0.0=1 时，起动变频器；当 I0.1=1 时，为变频器自由停车；当 I0.2=1 时，为变频器快速停车；I0.3 为变频器故障应答信号；I0.4 用于控制变频器方向，0 为逆时针转动，1 为顺时针转动；对站号为 1 的变频器进行通信控制；由 MD20 设置控制速度。其通信控制梯形图如图 3-18 所示。

6. 功能调试

按下起动按钮 SB1，起动变频器。操作转换开关 SA2，通过 PLC 设置变频器运行速度为 50 Hz。分别按下停止按钮 SB2、紧停按钮 SB3，观察变频器的自由停止、制动停止情况。操作转换开关 SA1，改变电动机的运行方向。通过改变 PLC 程序中 MD20 参数，可以改变变频器的运行频率。

3.4.2　基于 PROFIBUS-DP 现场总线的变频器控制

PROFIBUS-DP 通信协议是一种单一的、一致性通信协议，用于所有的工厂自动化和过程自动化，这种协议使用"主-从"模式，即一个设备（主）控制一个或多个其他设备（从）。西门子小型变频器与 S7-300 PLC 之间的通信可采用 PROFIBUS-DP 方式。采用

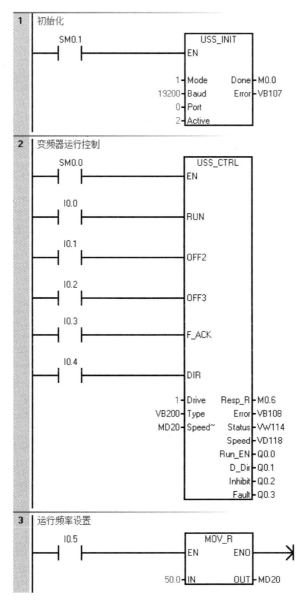

图 3-18　PLC 与站号为 1 的变频器通信控制梯形图

PROFIBUS-DP 方式通信时，变频器需要加装 DP 通信模板，通过调用系统功能块可以方便地实现对变频器的控制，包括变频器的起停、频率设定、参数修改等操作。

1. 控制要求

本次的任务是利用 PROFIBUS-DP 方式进行 PLC 与变频器之间数据通信，实现变频器的运行控制，控制要求如下。

1）利用 PLC 与变频器进行 PROFIBUS-DP（简称 DP）通信，实现变频器的起停及正反转控制。

2）变频器在运行过程中可实现速度调节控制。

3）通信波特率设置为 1.5 Mbit/s，变频器从站地址为 3。

2. 硬件电路

（1）主站与从站

S7-300 PLC 作为 DP 通信的主站，变频器作为 DP 通信的从站。使用一根标准的 PRO-FIBUS 电缆接在 S7-300 PLC 的 CPU 314C 的通信端口上，电缆另一端接在变频器的通信板 CB（订货号为 6SE6400-1PB00-0AA0）的通信端口上。S7-300 PLC 的 CPU 最多可以接 64 台变频器，每台变频器要有唯一的站址，可通过变频器通信模块上的拨钮进行站地址设置。

基于 PROFIBUS-DP 总线的 S7-300 PLC 主站和 MM440 变频器从站的通信接线如图 3-19 所示。

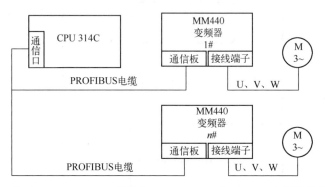

图 3-19　基于 PROFIBUS-DP 总线的 S7-300 PLC 和 MM440 变频器的通信连接

（2）PLC 组态

1）主站组态。

打开 S7-300 PLC 的编辑软件，创建一个新项目，在确定项目名称和保存位置后，然后插入 S7-300 PLC 站点，在硬件组态窗口，插入 S7-300 PLC 的 CPU 时（在此选择 314C-2PN/DP）会弹出组态 PROFIBUS 对话框，选择新建一条 PROFIBUS（1），组态 PROFIBUS 站地址，将此站地址设定为 2。单击"Properties"按钮组态的网络属性如图 3-20 所示。在本项目中，"Transmission Rate"（通信波特率）选择为"1.5 Mbps"，"Profile"（行规）选择为"DP"。

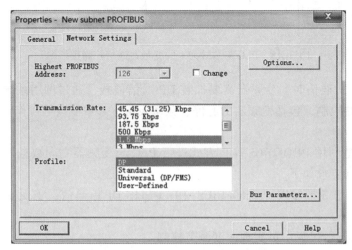

图 3-20　Network Settings 设置对话框

92

在 CPU 属性的 "Operating Mode" 选项卡中，将其设定为 DP master，如图 3-21 所示。

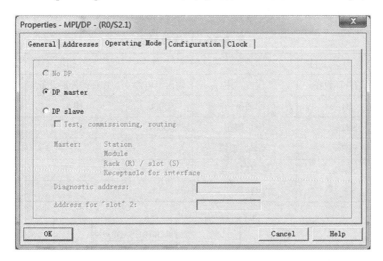

图 3-21   Operating Mode 设置对话框

2）从站组态。

在 DP 网上添加 MM440，并组态 MM440 的通信区，通信区与应用有关。MM440 采用 USS 协议，由程序操作的通信数据是通过 PKW 4 字节和 PZD 2 字节的固定报文进行传递，即 PP01 型，因此组态 MM440 的地址分别应对 PKW 和 PZD 进行读写。

在硬件组态窗口，在硬件目录下打开 PROFIBUS-DP 文件夹，选中 "SIMOVERT" → "MICROMASTER 4"，按住鼠标将其拖到 PROFIFBUS-DP 总线上，双击窗口下部 "4 PKW 2 PZD（PPO 1）" 后，再双击挂在总线上的 MM440，将其站地址设定为 3，如图 3-22 所示。

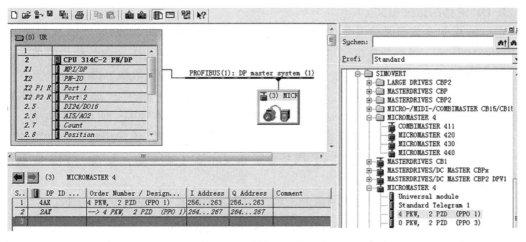

图 3-22   从站的硬件组态

选中挂在总线上的变频器，在硬件组态窗口下方可以看到变频器的订货号及接口地址等信息，PLC 读取 MM440 的接口数据并存放在 IB256～IB263 中，PLC 通过 QB256～QB263 将接口数据写入到 MM440 中；PLC 读取 MM440 的过程数据并存放在 IB264～IB267 中，PLC 通过 QB264～QB267 将过程数据写入到 MM440 中。

（3）I/O分配及硬件电路

根据控制要求，确定I/O分配见表3-16，硬件电路如图3-23所示。

表 3-16　I/O 分配表

输入（I）			输出（O）		
输入继电器	连接的外部设备	作　用	输出继电器	连接的外部设备	作　用
I0.0	SB1	起动按钮	Q0.0	HL1	正转指示
I0.1	SB2	停止按钮	Q0.1	HL2	反转指示
I0.2	SB3	频率加按钮			
I0.3	SB4	频率减按钮			
I0.4	SA	方向转换开关			

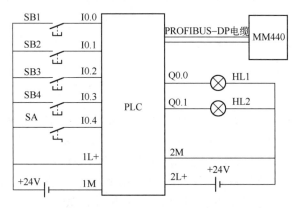

图 3-23　PLC 与变频器的 DP 通信控制电路

3. DP 通信的数据报文

MM440 周期性数据通信报文有效数据区域由两部分构成，即 PKW 区（参数识别 ID 数值区）和 PZD 区（过程数据区），PKW 区最多占用 4 个字，即 PKE（参数标识符值）占用一个字、IND（参数的下标）占用一个字、PWE1 和 PWE2（参数数值）共占用两个字。

PKW 区由参数 ID 号（PKE）、变址数（IND）、参数值（PWE）三部分组成。PKW 区中数值是变频器运行时要定义的一些功能码，如最大频率、基本频率、加减速时间等。

PZD 区由控制字（STW）、状态字（ZSW）、主设定值和实际值等组成。PZD 区用来传输控制字和设定值（主站→变频器），或状态字和实际值（变频器→主站）等输入/输出的数据值。

对 PZD 的访问，一般只能访问 2 个字长，PZD 的结构及数据访问见表 3-17。

表 3-17　PZD 的结构及数据访问表

数 据 传 送	PZD1	PZD2
PLC 主站→MM440	STW（控制字）	HSW（主设定值）
MM440→PLC 主站	ZSW（状态字）	HIW（主实际值）

（1）变频器的控制字 STW

表 3-18 是 STW 中各位的含义。

表 3-18　STW 中各位的含义

位	含　　义	功　　能
00	ON（斜坡上升）/OFF1（斜坡下降）	0：否（关），1：是（通）
01	OFF2：惯性自由停车	0：是，1：否
02	OFF3：快速停止	0：是，1：否
03	脉冲使能	0：是，1：否
04	斜坡函数发生器（RFG）	0：是，1：否
05	RFG 开始	0：是，1：否
06	设定值使能	0：是，1：否
07	故障确认	0：是，1：否
08	正向点动	0：是，1：否
09	反向点动	0：是，1：否
10	由 PLC 控制	0：是，1：否
11	设定值反向	0：是，1：否
12	未使用	—
13	电动电位计（MOP）升速	0：是，1：否
14	电动电位计（MOP）降速	0：是，1：否
15	本机/远程控制	0：P0719 下标 0，1：P0719 下标 1

（2）变频器的主设定值 HSW

PZD 任务报文的第 2 个字是主频率设定值（主设定值），有两种不同的设置方式。当 P2009 设置为 0 时，数值是以十六进制形式发送，4000（H）对应频率是 50 Hz，2000（H）对应频率是 25 Hz，负数则反向；当 P2009 设置为 1 时，数值是以十进制形式发送，4000（十进制）对应频率是 40.0 Hz。

例如，当 P2009 = 0 时，任务报文为 PZD = 047F0000，第一个字为控制字（正转），第二个字为频率（50 Hz）。

（3）变频器的状态字 ZSW

PZD 应答报文的第 1 个字是变频器的状态字 ZSW，状态字 ZSW 中各位含义见表 3-19。

表 3-19　ZSW 中各位的含义

位	含　　义	功　　能
00	变频器准备	1：是，0：否
01	变频器准备运行就绪	1：是，0：否
02	变频器正在运行	1：是，0：否
03	变频器故障	1：是，0：否
04	OFF2 命令激活	1：是，0：否
05	OFF3 命令激活	1：是，0：否
06	禁止接通命令	1：是，0：否
07	变频器报警	1：是，0：否
08	设定值/实际值偏差过大	1：是，0：否
09	PZD1（过程数据）控制	1：是，0：否

位	含　义	功　能
10	达到最大频率	1：是，0：否
11	电动机电流极限报警	1：是，0：否
12	电动机抱闸制动投入	1：是，0：否
13	电动机过载	1：是，0：否
14	电动机正向运行	1：是，0：否
15	变频器过载	0：P0719 下标 0，1：P0719 下标 1

（4）变频器的实际值 HIW

PZD 应答报文的第 2 个字是变频器主要运行参数实际值（主实际值），通常定义为变频器的实际输出频率。

4. 变频器参数设置

S7-300 PLC 使用 Profibus-DP 方式与变频器通信时，变频器的参数设置见表 3-20。

表 3-20　变频器的参数设置

参数	设置值	说　明
P0003	3	用户访问级别为专家级
P0700	6	变频器起停命令来自 DP 通信方式
P0719	66	表示起停命令源和频率设定值源均来自 DP 通信方式
P0918	3	PROFIBUS 地址
P0927	15	参数修改设置
P1000	6	频率给定值源为通信板 CB 方式，通过 DP 通信方式读写该值
P2009	1	频率是以十进制形式给定

MM440 变频器 DP 通信方式下站地址的设定也可以在变频器的通信板 CB 上完成，通信板 CB 上有 6 个拨钮用于设置地址，每个拨钮对应一个 "8-4-2-1" 码的数据，所有拨钮处于 "ON" 位置对应数据相加的和就是站地址。在此项目中，需要将拨钮 1 和 2 拨至 ON 位置，其他拨至 OFF 位置。

5. PLC 程序

（1）OB100 程序

变频器 DP 通信方式下 OB100 初始化程序如图 3-24 所示。

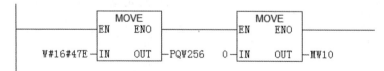

图 3-24　变频器 DP 通信方式下 OB100 初始化程序

（2）OB1 主程序

变频器 DP 通信方式下 OB1 主程序如图 3-25 所示。

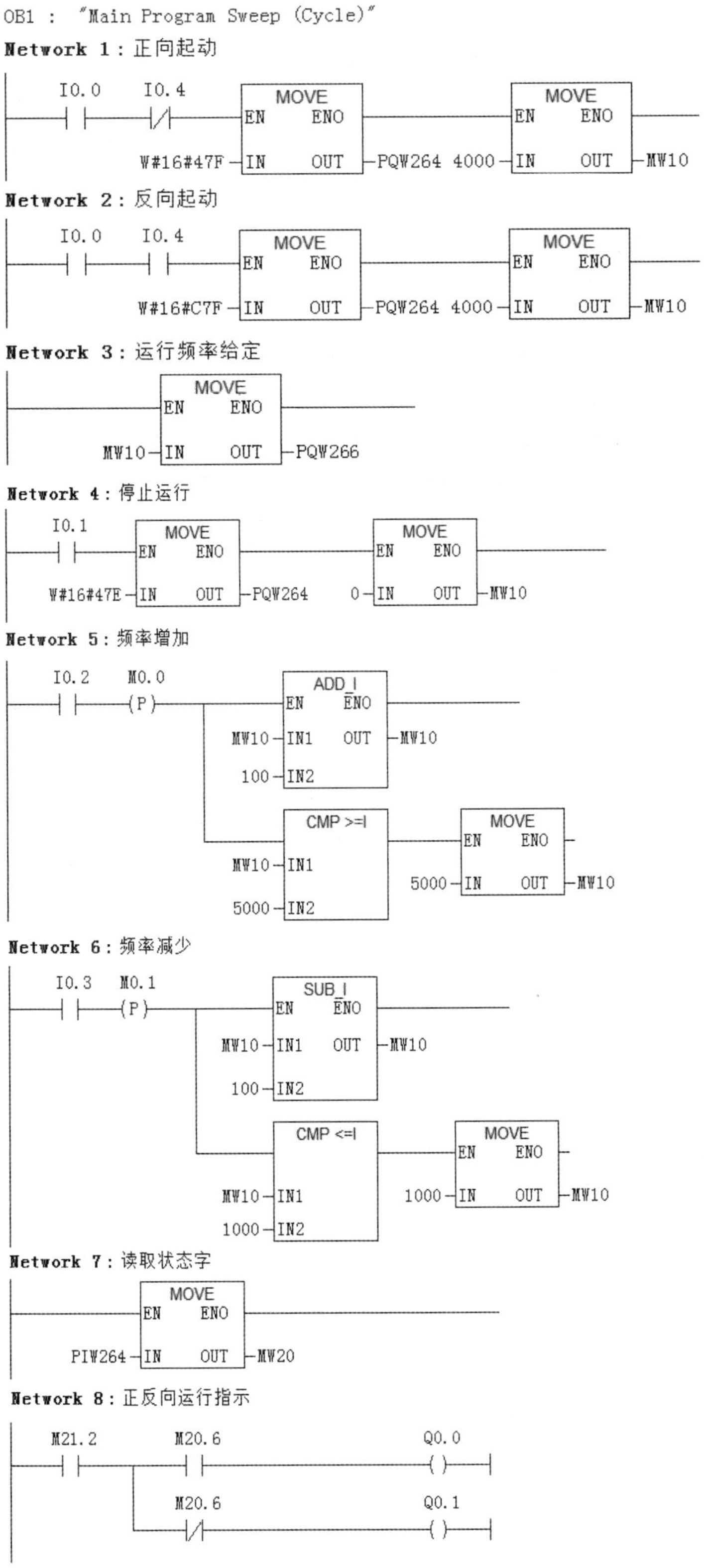

OB1 : "Main Program Sweep (Cycle)"

Network 1：正向起动

```
   I0.0   I0.4        MOVE                    MOVE
  |--| |---|/|------| EN    ENO |----------| EN    ENO |---
                    |           |          |           |
        W#16#47F----| IN   OUT |--PQW264  4000--| IN   OUT |--MW10
```

Network 2：反向起动

```
   I0.0   I0.4        MOVE                    MOVE
  |--| |---| |------| EN    ENO |----------| EN    ENO |---
                    |           |          |           |
        W#16#C7F----| IN   OUT |--PQW264  4000--| IN   OUT |--MW10
```

Network 3：运行频率给定

```
                     MOVE
                  | EN    ENO |---
                  |           |
        MW10------| IN   OUT |--PQW266
```

Network 4：停止运行

```
   I0.1           MOVE                    MOVE
  |--| |--------| EN    ENO |----------| EN    ENO |---
               |           |          |           |
  W#16#47E-----| IN   OUT |--PQW264  0--| IN   OUT |--MW10
```

Network 5：频率增加

```
   I0.2   M0.0        ADD_I
  |--| |---(P)------| EN    ENO |-----------
                   |           |
          MW10-----| IN1   OUT |--MW10
           100-----| IN2       |

                    CMP >=I          MOVE
                 | IN1 |         | EN    ENO |------
          MW10---|     |      5000--| IN   OUT |--MW10
          5000---| IN2 |
```

Network 6：频率减少

```
   I0.3   M0.1        SUB_I
  |--| |---(P)------| EN    ENO |-----------
                   |           |
          MW10-----| IN1   OUT |--MW10
           100-----| IN2       |

                    CMP <=I          MOVE
                 | IN1 |         | EN    ENO |------
          MW10---|     |      1000--| IN   OUT |--MW10
          1000---| IN2 |
```

Network 7：读取状态字

```
                     MOVE
                  | EN    ENO |---
                  |           |
        PIW264----| IN   OUT |--MW20
```

Network 8：正反向运行指示

```
   M21.2      M20.6              Q0.0
  |--| |------| |---------------( )---
              |
              |  M20.6           Q0.1
              |--|/|------------( )---
```

图 3-25　变频器 DP 通信方式下 OB1 主程序

97

6. 功能调试

按下起动按钮 SB1, 正向起动变频器 (默认给定频率为 40 Hz)。按下停止按钮 SB2, 停止变频器, 转动方向转换开关 SA, 再按下起动按钮 SB1, 反向起动变频器 (默认给定频率为 40 Hz)。在变频器运行过程中, 按下频率增按钮 SB3 或频率减按钮 SB4 调节变频器的运行速度。

3.4.3 思考与练习

简答题

1. 设计采用 USS 协议控制变频器运行的控制电路、软件程序及参数设置。
2. 采用 USS 协议控制变频器运行时, 参数 P0700、P1000 应设置为多少?
3. 采用 USS 协议控制变频器运行时, 变频器的站地址是如何设置的?
4. 设计采用 PROFIBUS-DP 总线控制变频器运行的软硬件系统, 并进行调试。
5. 采用 PROFIBUS-DP 总线控制变频器运行时, 参数 P0700、P1000 应设置为多少?

模块 4　变频器的工程实践

项目 4.1　变频器的选择与安装

【学习目标】

- 了解变频器的选型原则以及容量选择依据。
- 了解变频器主电路及外围电器的选用原则。
- 掌握变频器的安装方法。
- 掌握变频器的布线原则。

【资格认证】

- 会进行变频器电源输入端、输出端、控制端的接线。
- 会进行变频器与 PLC 等设备的正确接线。

【项目引入】

变频器的正确选用对于机械设备电控系统的正常运行是至关重要的。选择变频器，首先要满足机械设备的类型、负载转矩特性、调速范围、静态速度精度、起动转矩和使用环境的要求，然后再决定选用何种控制方式和防护结构的变频器。所谓合适是在满足机械设备的实际工艺生产要求和使用场合的前提下，实现变频器应用的最佳性价比。

变频器的正确安装，对于实现设备功能及稳定运行来说至关重要。变频器是以电子器件为核心的电子设备，整体结构紧凑、集成度高，但是自身发热量大，所以在安装时必须考虑通风、散热及对周围环境的影响。变频器控制柜的安装要遵循操作安全、方便的原则，保证设备运行的可靠性。

【任务描述】

1）对比恒转矩负载、恒功率负载和流体负载，掌握变频器类型选择原则。

2）以恒压供水系统为例，选择变频器的容量及外围电器。

4.1.1　变频器的选择

1. 变频器类型的选择

（1）变频器的选型原则

在实践中常将生产机械根据负载转矩的不同，分为以下三大类型。

1）恒转矩负载。

在恒转矩负载中，负载转矩 T_L 与转速 n 无关，在任何转速下 T_L 总保持恒定或基本恒定，负载功率则随着负载速度的增高而线性增加。多数负载具有恒转矩特性，但在转速精度及动态性能等方面要求一般不高，例如挤

二维码 4-1　变频器的选型

压机、搅拌机、传送带、厂内运输车、吊车的平移机构以及吊车的提升机构和提升机等。选型时可选 U/f 控制方式的变频器，但是最好采用具有恒转矩控制功能的变频器。起重机类负载的特点是起动时冲击很大，因此要求变频器拖动转矩有一定余量。同时在重物下放时会有能量回馈，因此要采用制动单元或共用母线的方式来消耗回馈的能量。对于恒转矩类负载或有较高静态转矩精度要求的传动系统，选用具有转矩控制功能的高功能型变频器则比较理想，因为这种变频器低速转矩大，静态机械特性硬度大，不怕负载冲击，具有类似挖土机的特性。在实际工程应用中，为了实现大调速比的恒转矩调速，常采用加大变频器容量的办法。

变频器拖动恒转矩性质的负载时，低速时的输出转矩要足够大，并且要有足够的过载能力。而对不均性负载（其特性是负载有时轻，有时重）应按照重负载的情况来选择变频器容量，例如轧钢机机械、粉碎机械、搅拌机等。对于大惯性负载，例如离心泵、冲床、水泥厂的旋转窑等机械设备，此类负载的惯性很大，因此起动时可能会振荡，电动机减速时有能量回馈，应该用容量稍大的变频器来加快起动，避免振荡，配合制动单元消耗回馈能量。

2）恒功率负载。

恒功率负载的特点是负载转矩 T_L 与转速大体成反比，但其乘积即功率却近似保持不变。金属切削机床的主轴和轧钢机、造纸机、薄膜生产线中的卷取机、开卷机等，都属于恒功率负载。这类生产设备一般要求精度高、动态性能好、响应快，应采用矢量控制高功能型通用变频器。

负载的恒功率性质是针对一定的速度变化范围而言的。当速度很低时，受机械强度的限制，T_L 不可能无限增大，在低速范围变成恒转矩性质。负载的恒功率区和恒转矩区对传动方案的选择有很大的影响。电动机在恒磁通调速时，允许最大输出转矩不变，属于恒转矩调速；而在弱磁调速时，允许最大输出转矩与速度成反比，属于恒功率调速。当电动机的恒转矩和恒功率调速的范围与负载的恒转矩和恒功率范围相一致时，即所谓"匹配"的情况下，电动机的容量和变频器的容量选择值都可以达到最小。

3）流体负载。

在各种风机、水泵、油泵中，随着叶轮的转动空气或液体在一定的速度范围内所产生的阻力大致与转速 n 的 2 次方成正比，且随着转速的减小，转矩按转速的 2 次方减小。这种负载所需的功率与速度的 3 次方成正比。各种风机、水泵和油泵，都属于典型的流体负载。由于流体类负载在高速时的需求功率增加过快，与负载转速的 3 次方成正比，所以不应使这类负载超工频运行。

流体负载在过载能力方面的要求较低，由于负载转矩与速度的 2 次方成反比，所以低速运行时负载较轻（罗茨风机除外），又因为这类负载对转速精度没有什么要求，故选型时通常以价格为主要选型原则，应选择普通功能型变频器，只要变频器容量等于电动机容量即可（空压机、深水泵、泥沙泵、快速变化的音乐喷泉需加大容量）。也有为此类负载配套的专用变频器。

（2）变频器选型的注意事项

1）选择变频器时应以实际电动机电流值作为变频器选择的依据，电动机的额定功率只能作为参考。另外，应充分考虑变频器的输出含有高次谐波，会造成电动机功率因数和效率变差。用变频器给电动机供电与用工频电网供电相比较，电动机的电流将增加 10% 而温升增加约 20%，所以在选择电动机和变频器时，应考虑到这种情况，适当留有裕量，以防止温升过高，影响电动机的使用寿命。

2) 一般通用变频器，是考虑对 4 极电动机的电流值和各参数能满足运转而设计制造出来的。因此，当电动机不是 4 极时，就不能仅以电动机的容量来选择变频器的容量，还必须用电流来校验。

3) 绕线式异步电动机采用变频器控制运行，大多是对老设备进行改造，利用已有的电动机来进行的。改用变频器调速时，可将绕线式异步机的转子短路，去掉电刷和起动器。考虑电动机输出时的温度上升的问题，所以要降低容量的 10% 以上。应选择比通常容量稍大的变频器。

4) 齿轮电动机用变频器传动时，要分别考虑电动机（与标准电动机情况大体相同）和齿轮两部分。一般的齿轮电动机是以工频电源的定速运转作为前提制造的。因此，这种齿轮电动机用变频器增速或减速时可以使用的范围通常容许最低频率受限于齿轮部分的润滑方式，容许的最高频率取决于电动机和齿轮两部分中频率较低的一个值。

5) 一般的单相电动机不适合通用变频器传动。其理由是，单相电动机仅有一个绕组，接入单相电源不能起动，必须要有起动装置，用变频器起动不合适。

6) 在有爆炸性气体等危险场所，为了不让电动机成为灾害之源，要用合格的防爆电动机。近年，由于节能和调速的要求，防爆电动机变频器需求量正在增加。对于工频电源传动的原有和新设的防爆电动机，禁止随意使用变频器传动。一定要与变频器组合运转经检验合格后才能使用。变频器要安装在防爆场所外。

7) 变频器内部产生的热量大，考虑到散热的经济性，除小容量变频器外几乎都是开启式结构，采用风扇进行强制冷却。变频器设置场所在室外或周围环境恶劣时，最好装在独立盘上，采用具有冷却热交换装置的全封闭式结构。对于小容量变频器，在粉尘、油雾多的环境或者棉绒多的纺织厂也可以采用全封闭式结构。对于一些特殊的应用场合，如高环境温度、高开关频率、高海拔等，此时会引起变频器的降容，变频器需放大一档选择。

8) 变频器与电动机之间为长电缆连接时，应该采取措施抑制长电缆对地耦合电容的影响，以避免变频器"出力"不够。对此，可将变频器容量放大一档，或在变频器的输出端安装输出电抗器。当变频器用于控制并联的几台电动机时，一定要使变频器到电动机的电缆长度总和在变频器的容许范围内。如果超过规定值，要放大一档或两档来选择变频器。另外，在此种情况下，变频器的控制方式只能为 U/f 控制方式，并且变频器无法保护电动机的过电流、过载，此时需要在每台电动机上加熔断器来实现保护。

2. 变频器容量的选择

变频器的容量要与电动机的功率优化匹配，但不能仅由电动机的功率来确定变频器的容量。变频器的额定输出电流也是选择变频器容量时，必须要考虑的一个重要因素。除此之外，还要考虑输出电压、最高输出频率、电动机的起动、加减速、电动机的数目以及负载的情况等因素。

二维码 4-2 变频器容量的选择

（1）变频器输出电压的选定

变频器的输出电压按电动机的额定电压选定。在我国低压电动机多数为 380 V，可选用 400 V 系列的变频器。应当注意变频器的工作电压是按 U/f 曲线变化的。变频器规格表中给出的输出电压是变频器可能的最大输出电压，即基频下的输出电压。

（2）变频器最高输出频率的选定

变频器的最高输出频率根据机型不同而有很大不同，有 50 Hz/60 Hz、120 Hz、240 Hz 或更高频率。50 Hz/60 Hz 的变频器是以在额定速度以下范围内进行调速运转为目的，大容量通用变频器几乎都属于此类。最高输出频率超过工频的变频器多为小容量。高于 50 Hz/60 Hz 时，由于输出的电压不变，为恒功率特性，要注意在高速运转区域转矩将减小。例如，车床根据工件的直径或材料改变转速，可选择在恒功率的范围内使用。在轻载时采用高速运转可以提高生产率，但需注意不要超过电动机和负载的允许最高速度。

考虑到以上各点，可根据变频器的使用目的所确定的最高输出频率来选择变频器。

（3）不同场合下变频器容量的选定

采用变频器对异步电动机进行调速时，在异步电动机确定后，通常根据异步电动机的额定电流来选择变频器的容量，或者根据异步电动机实际运行中的电流值（最大值）来选择变频器的容量。

1）连续运行的场合。由于变频器供给电动机的电流是脉动电流，其脉动电流值比工频供电时的电流值要大。因此，须将变频器的容量留有适当的余量。通常应使变频器的额定输出电流≥（1.05～1.1）倍电动机的额定电流（铭牌值）或电动机实际运行中的最大电流。

2）加、减速运转时。

变频器的最大输出转矩是由变频器的最大输出电流决定的。一般情况下，对于短时间的加、减速而言，变频器允许达到额定输出电流的 130%～150%（视变频器容量有别）。在短时间加、减速时的最大输出转矩也可以增大；反之如只需要较小的加、减速时对应的最大输出转矩时，也可降低选择变频器的容量。由于电流的脉动原因，此时应将变频器的最大输出电流降低 10% 后再进行选定。

3）频繁加、减速运转时。

对于频繁加、减速运转时，可根据加速、恒速、减速等各种运行状态下变频器的平均电流值来确定变频器额定输出电流 I_{INV}。

$$I_{INV} = [(I_1 t_1 + I_2 t_2 + \cdots)/(t_1 + t_2 + t_3)]K_0 \tag{4-1}$$

式中　I_{INV}——变频器额定输出电流；

I_1、I_2——各种运行状态下变频器的平均电流（A）；

t_1、t_2——各种运行状态下的时间（s）；

K_0——安全系数（频繁运行时取 1.2，一般运行时取 1.1）。

4）电流变化不规则的场合。

运行中如果电动机电流不规则变化，此时不易获得运行特性曲线。这时，可使电动机在输出最大转矩时的电流限制在变频器的额定输出电流范围内。

5）电动机直接起动时。

通常，三相异步电动机直接用工频起动时，起动电流为其额定电流的 5～7 倍，直接起动时可按下式选定变频器。

$$I_{INV} \geq I_K/K_g \tag{4-2}$$

式中　I_K——在额定电压、额定频率下电动机起动时的堵转电流（A）；

K_g——变频器的允许过载倍数，$K_g = 1.3 \sim 1.5$。

6）多台电动机共享一台变频器。

上述步骤仍适用，但还应考虑以下因素。

① 在电动机总功率相等的情况下，由多台小功率电动机组成的一组电动机的效率，比台数少但功率较大的电动机组成的一组电动机的低。因此两者电流之和并不相等，可根据各电动机的电流之和来选择变频器。

② 在整定软起动、软停止时，一定要按起动最慢的那台电动机进行整定。

③ 当有一部分电动机直接起动时，可按下式进行计算：

$$I_{INV} = [N_2K_2 + (N_1 - N_2)]I_N / K_g \qquad (4-3)$$

式中　N_1——电动机总台数；

　　　　N_2——直接起动的电动机台数；

　　　　K_2——直接起动电动机的起动电流系数；

　　　　I_N——电动机的额定电流。

若多台电动机依次直接起动，最后一台电动机的起动条件最不利。

（4）容量选择的注意事项

1）并联追加投入起动。

用一台变频器使多台电动机并联运行时，如果所有电动机同时起动加速，可按如前所述选择容量。但是对于一小部分电动机开始起动后再追加投入其他电动机进行起动的场合，此时变频器的电压、频率已经上升，追加投入的电动机将产生大的起动电流。因此，变频器容量与同时起动时相比需要更大些。

2）大过载容量。

根据不同种类负载需求，往往需要过载容量大的变频器。通用变频器过载容量通常多为125%、60 s 或 150%、60 s，需要超过此值的过载容量时必须增大变频器的容量。

3）轻载电动机。

电动机的实际负载比电动机的额定输出功率小时，则认为可选择与实际负载相称的变频器容量。对于通用变频器，即使实际负载小，使用比按电动机额定功率选择的变频器容量小的变频器并不理想。

3. 变频器的主电路和外围电器的选择

（1）变频器的主电路

变频器的主电路是指从交流电源到负载之间的电路。各种不同型号变频器的主回路端子差别不大，通常用 R、S、T 表示交流电源的输入端；U、V、W 表示变频器的输出端。在实际应用中，需要和许多外接的电器一起使用，构成一个比较完整的主电路，如图 4-1 所示。

在具体的应用中，图 4-1 所示的元器件不一定全部都要连接，根据实际需要有的元器件可以省去。最常见的一台变频器带一台电动机的主电路只需要电源开关和接触器。在某些生产机械不允许停机的系统中，当变频器因发生故障而跳闸时，需将电动机迅速切换到工频运行；还有一些系统为了减少设备投资，由一台变频器控制多台电动机，但是变频器只能带动一台电动机，其他电动机只能运行在工频状态，例如恒压供水系统。对于这种能够实现工频与变频切换的系统，熔断器和热继电器是不能省略的。同时变频器的输出接触器和工频接触器之间必须有可靠的互锁，防止工频电源直接与变频器的输出端相接而损坏变频器。

（2）外围电器的选用

1）断路器。

这里指低压断路器，俗称空气开关，断路器的主要功能如下。

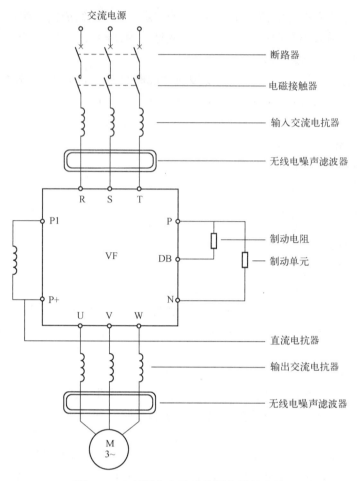

图 4-1 变频器主电路及外围电器的连接

一是隔离作用，当变频器进行维修或长期不用时，使用断路器将其与电网断开，确保安全。

二是保护作用，低压断路器具有过电流、欠电压等保护功能，当变频器的输入侧发生短路或电源欠电压等故障时，可以进行保护。

断路器选择的依据如下。

因为断路器具有过电流保护功能，为了避免不必要的误动作，选用时应充分考虑电路中是否有正常过电流。在变频器单独控制电路中，属于正常过电流的情况有：

① 变频器刚接通瞬间，电容器的充电电流可高达额定电流的 2~3 倍。

② 变频器的进线电流是脉冲电流，其峰值经常可能超过额定电流。

一般变频器允许的过载能力为额定电流的 150% 且运行 1 min。所以为了避免误动作，断路器的额定电流 I_{QN} 应选为

$$I_{QN} \geqslant (1.3 \sim 1.4)I_N \tag{4-4}$$

式中　I_N——变频器的额定电流。

在电动机要求实现工频和变频切换控制的电路中，断路器应按电动机在工频下的起动电流来进行选择：

$$I_{QN} \geqslant 2.5 I_{MN} \tag{4-5}$$

式中 I_{MN} —— 电动机的额定电流。

2）接触器。

接触器的功能是在变频器出现故障时切断主电源，防止掉电及故障后的再起动。接触器根据连接的位置不同，其型号的选择也不尽相同。下面分别介绍各种情况时接触器的选择原则。

① 输入侧接触器的选择。输入侧接触器主触点的额定电流 I_{KN} 只需 $\geqslant$ 变频器的额定电流 I_N，即

$$I_{KN} \geqslant I_N \tag{4-6}$$

② 输出侧接触器的选择。输出侧接触器一般仅用于和工频电源切换等特殊情况下。因为输出电流中含有较强的谐波成分，其有效值略大于工频运行时的有效值，故主触点的额定电流 I_{KN} 满足：

$$I_{KN} \geqslant 1.1 I_{MN} \tag{4-7}$$

③ 工频接触器的选择。工频接触器的选择应考虑到电动机在工频下的起动情况，其触点电流通常可按电动机的额定电流再加大一个档次来选择。

3）输入交流电抗器。

输入交流电抗器可抑制变频器输入电流的高次谐波，明显改善功率因数。输入交流电抗器为选购件，在以下情况下应考虑接入交流电抗器。

① 变频器所用之处的电源容量与变频器容量之比为 10:1 以上。

② 同一电源上接有晶闸管变流器负载或在电源端带有开关控制调整功率因数的电容器。

③ 三相电源的电压不平衡度较大（$\geqslant 3\%$）。

④ 变频器的输入电流中含有许多高次谐波成分，这些高次谐波电流都是无功电流，使变频调速系统的功率因数降低到 0.75 以下。

⑤ 变频器的功率大于 30 kW。

常用输入交流电抗器的规格见表 4-1。

表 4-1 常用输入交流电抗器的规格

电动机容量/kW	30	37	45	55	75	90	110	132	160	200	220
变频器容量/kW	30	37	45	55	75	90	110	132	160	200	220
电感量/mH	0.32	0.26	0.21	0.18	0.13	0.11	0.09	0.08	0.06	0.05	0.05

4）无线电噪声滤波器。

变频器的输入和输出电流中都含有很多高次谐波成分，这些高次谐波电流除了增加输入侧的无功功率、降低功率因数（主要是频率较低的谐波电流）外，频率较高的谐波电流还将以各种方式把自己的能量传播出去，造成对其他设备的干扰，严重的甚至还可能使某些设备无法正常工作。

滤波器就是用来削弱这些较高频率的谐波电流，以防止变频器对其他设备的干扰。滤波器主要由滤波电抗器和电容器组成。无线电滤波器主要有图 4-2 所示的三种。

应注意的是：输出侧滤波器的电容只能接在电动机侧，且应串联电阻，以防止逆变器因电容器的充、放电而受冲击。需要说明的是：滤波电抗器各相的连接线在同一个磁芯上按相

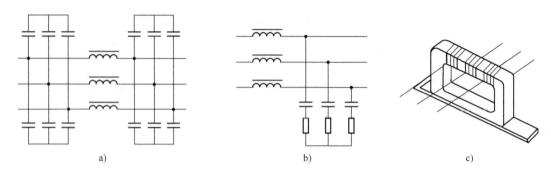

图 4-2 无线电滤波器和电抗器

a）输入侧滤波器　b）输出侧滤波器　c）滤波电抗器的结构

同方向绕 4 圈（输入侧）或 3 圈（输出侧）构成。三相的连接线必须按相同方向绕在同一个磁芯上，这样其基波电流的合成磁场为 0，因而对基波电流没有影响。

5）制动电阻及制动单元。

制动电阻及制动单元的功能是当电动机因频率下降或重物下降（如起重机械）而处于再生制动状态时，避免在直流电路中产生过高的泵升电压。

① 制动电阻 R_B 的选择。

电阻值 R_B 为

$$\frac{U_{DH}}{2I_{MN}} \leqslant R_B \leqslant \frac{U_{DH}}{I_{MN}} \tag{4-8}$$

式中　U_{DH}——直流电路电压的允许上限值（V），在我国，$U_{DH} \approx 600\,V$。

电阻的功率 P_B 为

$$P_B = \frac{U_{DH}^2}{\gamma R_B} \tag{4-9}$$

式中　γ——修正系数。

常用制动电阻的阻值与容量的参考值见表 4-2 所示。

表 4-2　常用制动电阻的阻值与容量的参考值

电动机容量/kW	电阻值/Ω	电阻功率/ kW	电动机容量/kW	电阻值/Ω	电阻功率/ kW
0.40	1000	0.14	37	20.0	8
0.75	750	0.18	45	16.0	12
1.50	350	0.40	55	13.6	12
2.20	250	0.55	75	10.0	20
3.70	150	0.90	90	10.0	20
5.50	110	1.30	110	7.0	27
7.50	75	1.80	132	7.0	27
11.0	60	2.50	160	5.0	33
15.0	50	4.00	200	4.0	40
18.5	40	4.00	220	3.5	45
22.0	30	5.00	280	2.7	64
30.0	24	8.00	315	2.7	64

由于制动电阻的功率不易掌握，如果功率偏小，则极易烧坏。所以，制动电阻箱内应附加热继电器。

② 制动单元 V_B。

一般情况下，只需根据变频器的容量进行配置即可。

6）直流电抗器。

直流电抗器除了提高功率因数外，还可削弱在电源刚接通瞬间的冲击电流。如果同时配用交流电抗器和直流电抗器，则可将变频调速系统的功率因数提高至 0.95 以上。常用直流电抗器的规格见表 4-3。

表 4-3　常用直流电抗器的规格

电动机容量/kW	30	37~55	75~90	110~132	160~220	220	280
允许电流/A	75	150	220	280	370	560	740
电感量/μH	600	300	200	140	110	70	55

7）输出交流电抗器。

输出交流电抗器用于抑制变频器的辐射干扰，还可以抑制电动机的振动。输出交流电抗器是选购件，当变频器干扰严重或电动机振动时，可考虑接入。输出交流电抗器的选择与输入交流电抗器相同。

4.1.2　变频器的安装

1. 变频器运行环境

变频器是精密的电器设备，为了确保其稳定运行，计划安装时，必须考虑其工作的场所和环境，以使其充分发挥应有的功能。

（1）变频器的储存环境

变频器必须放置于包装箱内，储存时务必注意下列事项。

1）必须放置于无尘垢、干燥的位置。

2）储存环境的温度必须在 -20~+65℃。

3）储存环境的相对湿度必须在 0%~95%，且无结露。

4）避免储存于含有腐蚀性气体、液体的环境中。

5）最好适当包装，并存放在架子或台面上。

二维码 4-3　变频器的运行环境

6）长时间存放会导致电解电容的劣化，必须保证在 6 个月之内通一次电，且通电时间不少于 5 h，输入电压必须用调压器缓缓升高至额定值。

（2）变频器的安装场所

装设变频器的场所需满足以下条件。

1）安装场所不受阳光直射。

2）应安装在容易搬入的场所。

3）装设的电气室应湿气少、无水浸入、无油污。

4）装设的场所应无爆炸性、可燃性或腐蚀性气体和液体，粉尘少。

5）装设的场所应有足够的空间，便于维修检查。

6）装设的场所应备有通风口或换气装置以排出变频器产生的热量。

7）与易受变频器产生的高次谐波和无线电干扰影响的装置分离。若安装在室外，必须单独按照户外配电装置设置。

（3）变频器的使用环境

1）环境温度。

变频器运行中环境温度的容许值一般为-10~40℃，避免阳光直射。对于单元型装入配电柜或控制盘内等使用时，考虑柜内预测温升为10℃，则上限温度多定为50℃。变频器为全封闭结构，上限温度为40℃的壁挂用单元型装入配电柜内使用时，为了减少温升，可以装设通风管（选用件）或取下单元外罩。环境温度的下限多为-10℃，以不冻结为前提条件。

2）环境湿度。

变频器安装环境的相对湿度在40%~90%为宜，要注意防止水或水蒸气直接进入变频器内，以免引起漏电，甚至打火、击穿。而周围湿度过高，也将导致电气绝缘能力降低、金属部分腐蚀。

3）周围气体。

室内设置时，其周围不可有腐蚀性、爆炸性或可燃性气体，还需满足粉尘和油雾少的要求。

4）振动。

设置场所的振动时的加速度多被限制在0.3mm/s²以下。因振动过额定超值会使变频器的紧固件松动，使继电器和接触器的触点误动作，导致变频器不稳定运行。因此对于机床、船舶等事先能预测振动的场所，必须选择有耐振措施的机型。

5）电磁干扰。

为防止电磁干扰，控制线应有屏蔽措施，母线与动力线要保持不少于100mm的距离。

6）海拔。

变频器应用的海拔应低于1000m。海拔增高，空气含量降低，影响变频器散热，因此在海拔大于1000m的场合，变频器要降额使用。

2. 变频器的安装

（1）变频器的安装方法

1）安装的空间和方向。

变频器在运行中会发热，为了保证散热良好，必须将变频器安装在垂直方向，因变频器内部装有冷却风扇，其上下左右与相邻的物品和挡板（墙）必须保持足够的空间，如图4-3所示。

二维码4-4 变频器的安装

将多台变频器安装在同一装置或控制箱（柜）内时，为减少相互热影响，建议横向并列安装。必须上下安装时，为了使下部的热量不影响上部的变频器，请设置隔板等。箱（柜）体顶部装有引风机的，其引风机的风量必须大于箱（柜）内各变频器出风量的总和；没有安装引风机的，其箱（柜）体的顶部应尽量开启，无法开启时，箱（柜）体顶部和底部保留的进、出风口面积必须大于箱（柜）体各变频器端面面积的总和，且进、出风口的风阻应尽量小。若将变频器安装于控制室墙上，则应保持控制室通风良好，不得封闭。安装方法如图4-4所示。

由于冷却风扇是易损品，某些15kW以下变频器的风扇控制是采用温度开关控制，当变

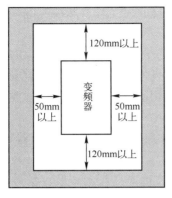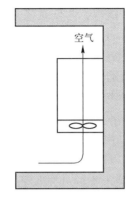

图 4-3　变频器的安装空间

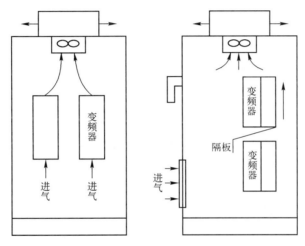

图 4-4　多台变频器的安装方法

频器内温度大于温度开关设定的温度时，冷却风扇才运行；一旦变频器内温度小于温度开关设定的温度时，冷却风扇停止。因此，变频器刚开始运行时，冷却风扇处于停止状态，这是正常现象。

2）安装的方法。

① 把变频器用螺栓垂直安装到坚固的物体上，从正面可以看见变频器操作面板的文字位置，不要上下颠倒或平放安装。

② 变频器在运行中会发热，应确保冷却风道畅通，由于变频器内部热量从上部排出，所以不要安装到不耐热机器下面。

③ 变频器在运转中，散热片的附近温度可上升到90℃，所以变频器背面要使用耐温材料。

④ 安装在控制箱（柜）内时，最好将发热部分露于箱（柜）之外以降低柜内温度，若不具备将发热部分露于柜外的条件，可装在柜内，但要注意充分换气，防止变频器周围温度超过额定值，不要放在散热不良的小密闭箱（柜）内。

（2）变频器的布线原则

变频器应用时往往需要一些外围设备与之配套，如控制计算机、测量仪表、传感器、无线电装置及传输信号线等，为使这些外围设备能正常工作，布线时应采取以下措施。

二维码 4-5 变频器的布线

1）当外围设备与变频器共用同一供电系统时，由于变频器产生的噪声沿电源线传导，可能会使系统中挂接的其他外围设备产生误动作。安装时要在输入端安装噪声滤波器，或将其他设备用隔离变压器或电源滤波器进行噪声隔离。

2）当外围设备与变频器装入同一控制柜中且布线又很接近变频器时，可采取以下方法抑制变频器干扰。

① 将易受变频器干扰的外围设备及信号线远离变频器安装；信号线使用屏蔽电缆线，屏蔽层接地。亦可将信号电缆线套入金属管中；信号线穿越主电源线时确保正交。

② 在变频器的输入/输出侧安装无线电噪声滤波器或线性噪声滤波器（铁氧体共模扼流圈）。滤波器的安装位置要尽可能靠近电源线的入口处，并且滤波器的电源输入线在控制柜内要尽量短。

③ 变频器连接电动机的电缆要采用 4 芯电缆并将电缆套入金属管，其中一根的两端分别接到电动机外壳和变频器的接地侧。

④ 避免信号线与动力线平行布线或捆扎成束布线；易受影响的外围设备应尽量远离变频器安装；易受影响的信号线尽量远离变频器的输入/输出电缆。

⑤ 当操作台与控制柜不在一处或具有远方控制信号线时，要对导线进行屏蔽，并特别注意各连接环节，以避免干扰信号串入。

（3）电缆的接地

弱电压电流电路（4~20 mA，1~5 V）有接地线，该接地线不能作为信号线使用。如果使用屏蔽电缆接地线则需使用绝缘电缆，以避免金属与被接地的通道或金属管接触。若控制电缆的接地设在变频器一侧，则使用专设的接地端子，不与其他接地端子共用。

3. 变频器的电气安装

（1）电源与电动机的连接

电源与电动机端子的接线方法如图 4-5 所示。在变频器与电动机和电源线连接时必须注意以下几点。

1）三相交流输入电源与主电路端子（R/L1，S/L2，T/L3）之间的连线一定要接一个无熔丝的开关。最好能串联一个接触器，以便在交流电动机保护功能动作时能切断电源。

2）在变频器与电源线连接或更换变频器的电源线之前，就应完成电源线的绝缘测试。

3）确保电动机与电源电压是匹配的。

4）变频器接地线不可以和电焊机等大电流负载共同接地，而必须分别接地。

5）确保供电电源与变频器之间已经正确接入与额定电流相应的断路器、熔断器。

6）变频器的输出端不能接浪涌吸收器。

7）变频器和电动机之间的连线过长时，由于线间分布电容产生较大的高频电流，从而引起变频器过电流故障。因此对于容量 ≤3.7 kW 的变频器，至电动机的配线应小于 20 m；对于更大容量的变频器，至电动机的配线应小于 50 m。

（2）电磁干扰的防护

防护措施有如下几个方面：

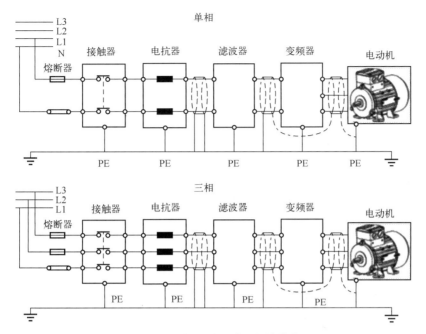

图 4-5　电源与电动机端子的接线方法

1）将机柜内的所有设备用短而粗的接地电缆可靠地连接到同一个接地母线。

2）将与变频器连接的任何控制设备（例如 PLC）用短而粗的接地电缆连接到同一个接地网，成星形接地。

3）将电动机返回的接地线直接连接到控制电动机的变频器的接地端子（PE）上。

4）接触器的触头采用扁平的，因为它们在高频状态阻抗较低。

5）截断电缆的端头时应尽可能整齐，保证未经屏蔽的线段尽可能短。

6）控制电缆的布线应尽可能远离供电电源线，使用单独的走线槽，在必须与电源线交叉时，相互应采用 90°交叉。

7）无论何时，与控制电路的连接线都应采用屏蔽电缆。

8）确保机柜内安装的接触器应是带阻尼的，即在交流接触器的线圈上连接有 RC 阻容电路；在直流接触器的线圈上连接有续流二极管。

9）接到电动机的线应采用屏蔽的电缆，并用电缆接线卡子将屏蔽层的两端接地。

（3）电气安装的注意事项

1）变频器的控制电缆、电源电缆和电动机的连接电缆之间的走线必须相互隔离，禁止它们放在同一电缆线槽中或电缆架上。

2）变频器必须可靠接地，如果不将变频器可靠接地，可能会发生人身伤害事故。

3）MM440 变频器在供电电源的中性点不接地的情况下是不允许使用的。电源（中性点）不接地时需要从变频器中拆掉星形联结的电容器。

4.1.3　思考与练习

简答题

1. 简要描述变频器的选型原则。

2. 列举恒转矩负载、恒功率负载、流体负载有哪些？这类负载应选取具有什么控制功能的变频器？

3. 变频器容量选取时，要考虑哪些因素？

4. 变频器的输出电压应当如何选取？

5. 简要描述变频器有哪些外围电器？各自的作用是什么？

6. 变频器的安装环境需要考虑哪些因素？

7. 简要描述变频器的安装有哪些要求？

8. 变频器进行电气安装时，电源和电动机的接线有哪些注意事项？

项目 4.2　工频与变频切换控制系统

【学习目标】

- 掌握变频器模拟量输出端子的使用。
- 了解变频器开关量输出端子的使用。
- 掌握工频与变频切换控制系统的设计、安装、调试。
- 掌握工频与变频切换控制系统的应用。

【资格认证】

- 会进行变频器与 PLC 的连接。
- 会进行变频器模拟量输入/输出功能的参数设置、端子接线。
- 会进行变频器开关量输入/输出功能的参数设置、端子接线。
- 能独立进行 PLC、变频器综合系统的调试。

【项目引入】

电动机运行在工频电网供电时，当工艺变化需要它进行无级调速，此时必须将电动机由工频切换到变频运行。电动机变频运行时，当频率升到 50 Hz（工频）并保持长时间运行时，应将电动机切换到工频电网供电，让变频器休息以延长变频器的使用寿命，或根据系统的需要用变频器控制其他电动机的运行，以减少系统的投资成本。另外当变频器发生故障时，为了保证生产的有序进行，应将电动机切换到工频电网运行。

【任务描述】

应用变频器模拟量输出、开关量输出功能，设计工频与变频切换控制系统，并进行系统的装调。

4.2.1　变频器模拟量输出功能的设置

西门子 MM440 变频器提供了两路模拟量输出，通道 1 使用端子 12、13，通道 2 使用端子 26、27。MM440 变频器的两路模拟量输出类型由 P0776 参数的 in000 和 in001 区分，P0776 出厂默认值是 0，表示输出电流量为 0~20 mA，可以标定为输出 4~20 mA，如果需要电压信号则可以在相应端子并联一支 500 Ω 的电阻。需要模拟量输出的物理量可以通过 P0771 设置，参数 P0771 设置值含义见表 4-4。

二维码 4-6　变频器模拟量的输出

表 4-4　模拟量输出参数 P0771 设置表

设　定　值	参数功能
P0771 = 21	实际频率
P0771 = 25	实际输出电压
P0771 = 26	实际直流电压
P0771 = 27	实际输出电流

模拟量输出信号与所设置的模拟量呈线性关系，如图 4-6 所示。

下面以模拟量输出通道 1 标定为 0~50 Hz、输出 4~20 mA 来说明模拟量输出功能的使用方法。除了需要设置 P0771 = 21.0（访问等级为 2）外，还需设置 P0777~P0780（访问等级均为 2 级），用来标定模拟量输出。标定方法见表 4-5。

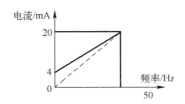

图 4-6　模拟量输出与模拟量设置线性关系图

表 4-5　模拟量输出参数设置表

参　数	设　定　值	参数功能
P0777	0%	0 Hz 对应输出电流 4 mA
P0778	4	
P0779	100%	50 Hz 对应输出电流 20 mA
P0780	20	

表 4-5 中设定值除 P0778 要设置为 4 外，其他均可采用默认值。

本任务中使用模拟量输出通道 1 输出一个 4~20 mA 的电流信号来表示变频器的输出频率 0~50 Hz。

4.2.2　变频器开关量输出功能的设置

在设计变频器故障报警与运行显示功能时，需要用到变频器的开关量输出功能。西门子 MM440 变频器提供了 3 个继电器输出端子，分别为继电器 1（端子 18~20，一对常开触点和一对常闭触点，共用公共端）、继电器 2（端子 21、22，常开）和继电器 3（端子 23~25，一对常开触点和一对常闭触点，共用公共端），如图 4-7 所示。

继电器输出可以将变频器当前的状态以开关量的形式输出，方便用户通过输出继电器的状态来监控变频器的内部状态量。而且每个输出逻辑是可以进行取反操作的，即通过操作 P0748 的每一位更改。

相关的参数具体含义如下。

● 参数 P0730 用来设置数字量输出的数目。

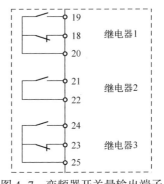

图 4-7　变频器开关量输出端子

- 参数 P0731 用来定义数字量输出（继电器输出）1 的信号源，默认值为 52.3，如表 4-6 所列。

二维码 4-7 变频器的开关量输出

参数 P0732 用来定义数字输出（继电器输出）2 的信号源，默认值为 52.3，如表 4-6 所列。

参数 P0733 用来定义数字输出（继电器输出）3 的信号源，默认值为 52.2，设定值类似 P0731、P0732。

参数 P0748 用来定义一个给定功能的继电器输出状态是高电平还是低电平，默认为低电平。

表 4-6　继电器输出参数设置表

设 定 值	参数功能	输 出 状 态	设 定 值	参数功能	输 出 状 态
P0731 = 52.1	变频器准备就绪	继电器得电	P0732 = 52.1	变频器准备就绪	继电器得电
P0731 = 52.2	变频器正在运行	继电器得电	P0732 = 52.2	变频器正在运行	继电器得电
P0731 = 52.3	变频器故障	继电器得电	P0732 = 52.3	变频器故障	继电器得电
P0731 = 52.7	变频器报警	继电器得电	P0732 = 52.7	变频器报警	继电器得电
P0731 = 52.E	变频器正向运行	继电器得电	P0732 = 52.E	变频器正向运行	继电器得电

4.2.3　变频与工频切换控制的实现

1. 控制要求

本任务是利用 S7-200 SMART PLC 和 MM440 变频器联机实现工频与变频控制系统的切换，控制要求如下。

1）电动机既能工频运行，也能变频运行，用户可以根据需要选择。

2）当电动机变频中运行频率升到 50 Hz（工频）时，将电动机切换到工频电网供电。

2. 硬件电路设计

（1）主电路

如图 4-8 所示，三相工频电源通过断路器 QF 接入；接触器 KM1 用于将变频器的输出端 U、V、W 接至电动机；接触器 KM2 用于将工频电源接至电动机。注意 KM1 和 KM2 绝对不能同时接通，否则会损坏变频器，因此，接触器 KM1 和 KM2 之间必须有可靠的互锁。热继电器 FR 用于工频运行时的过载保护。

（2）控制电路

由上述控制要求可确定 PLC 需要 4 个输入点，3 个输出点，其 I/O 分配及与变频器连接作用见表 4-7，S7-200 SMART PLC 与 MM440 控制电路如图 4-9 所示。电位器 RP 用来调节变频器的运行频率，模拟量模块 EM AM06 用来接收和处理变频器的运行频率。

二维码 4-8 变频与工频切换系统的应用

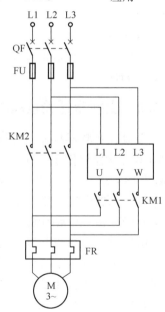

图 4-8　变频与工频切换控制系统主电路

表 4-7　I/O 分配表

输入（I）			输出（O）		
输入继电器	连接的外部设备	作　用	输出继电器	连接的外部设备	作　用
I0.0	SB1	变频起动按钮	Q0.0	KM1	变频运行接触器
I0.1	SB2	工频起动按钮	Q0.1	KM2	工频运行接触器
I0.2	SB3	停止按钮	Q1.0	变频器数字量端口 5	变频器起/停
I0.3	FR	过载保护			

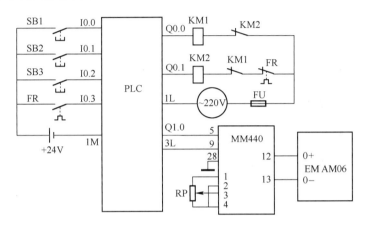

图 4-9　变频与工频切换 PLC 控制电路

3. PLC 程序设计

变频与工频切换 PLC 控制程序如图 4-10 所示。

4. 变频器参数设置

工频与变频切换控制时变频器的参数设置见表 4-8。

表 4-8　工频与变频切换控制时变频器的参数设置

参　数	设　置　值	说　明
P0700	2	用外部端子控制变频器起停
P1000	2	模拟量设定值
P0701	1	变频器起停（ON/OFF）
P0756	0	单极性电压输入
P0757	0	0 V 对应 0 Hz
P0758	0	0 V 对应 0% 的标度
P0759	10	10 V 对应 50 Hz
P0760	100	10 V 对应 100% 的标度
P0761	0	死区宽度为 0 V
P0771	21	模拟量输出表示的输出频率
P0777	0	0 Hz 对应输出电流为 4 mA
P0778	4	

参　　数	设　置　值	说　　明
P0779	100	50 Hz 对应输出电流为 20 mA
P0780	20	
＊P1080	0	电动机运行最低频率/Hz
＊P1082	50	电动机运行最高频率/Hz

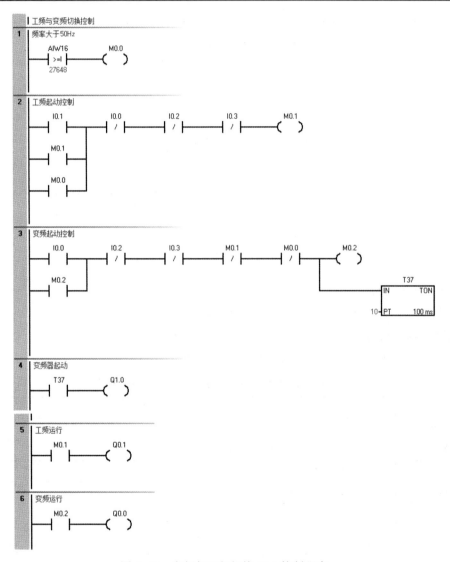

图 4-10　变频与工频切换 PLC 控制程序

5. 功能调试

（1）工频运行功能调试

按下工频起动按钮 SB2，接触器 KM2 得电，电动机接入 50 Hz 工频电源进入工频运行状态。按下停止按钮 SB3，电动机停止运行。

（2）变频运行功能调试

按下变频起动按钮 SB1，接触器 KM1 线圈得电，将电动机接至变频器的输出端。延时 1 s 后，变频器端口 5 为 ON，变频器起动运行，电动机运行于变频状态。

（3）频率切换功能调试

调节电位器 RP，观察变频器运行频率变化，当频率为 50 Hz 时，变频运行时接触器 KM1 失电，工频运行时接触器 KM2 得电，电动机切换为工频电源运行。

（4）停止功能调试

按下停止按钮 SB3，若电动机处于变频状态，接触器 KM1、KM2 延时后断电，电动机实现软停车。若电动机处于工频状态，电动机自由停车。

4.2.4 思考与练习

简答题

1. 查阅资料，说明 EM AM06 模块的作用是什么？它是如何接收变频器运行频率信号的？

2. MM440 变频器模拟量输出有几路？它可以表示哪些参数？

3. 变频器的模拟量输出是如何表示变频器的输出频率的？

4. 如何设置参数使得变频器的模拟量输出通道 1 输出一个 4～20 mA 的电流信号来表示变频器的输出频率 0～50 Hz。

5. MM440 变频器开关量输出有几路？作用分别是什么？

6. 运用开关量输出设计一个变频器的运行指示电路。

项目 4.3 变频恒压供水系统

【学习目标】

- 了解 PID 控制的原理及特点。
- 会设置 PID 使能控制、增益系数、积分时间等参数。
- 实现恒压供水系统的功能。
- 会进行 PLC、变频器控制复杂系统的安装、调试。

【资格认证】

- 了解变频恒压供水系统组成、工作原理。
- 了解压力变送器使用方法。
- 了解 PID 调节器工作原理。
- 会进行 PID 调节器参数设置。
- 会进行 PID 调节器自整定调试。
- 能对变频恒压供水系统电路进行安装、调试。
- 能对变频恒压供水系统电路进行故障排除。

【项目引入】

恒压供水系统对于用户是非常重要的。在生产生活供水时，若自来水供水时因压力不足或短时断水，可能影响生活质量，严重时会影响生存安全。如发生火灾时，若供水压力不足或无水供应，不能迅速灭火，可能引起重大经济损失和人员伤亡。所以，用水区域采用恒压供水系统，可使供水和用水之间保持平衡，即用水多时供水也多，用水少时供水也少，从而提高了供水的质量，产生较好的经济效益和社会效益。

【任务描述】

应用变频器的 PID 控制功能，设计恒压供水控制系统，并进行系统的装调。

4.3.1 恒压供水 PID 控制

1. 恒压供水原理

二维码 4-9　恒压供水系统的构成

恒压供水系统的基本构成可简化为图 4-11，包含水泵、压力传感器、变频器等。恒压供水控制系统产生水压的设备是水泵，水泵转动越快产生的水压则越高。压力传感器主要用于检测管路中的水压，装设在泵站的出水口。当用水量大时水压降低，用水量小时水压升高。水压传感器将水压的变化转变为电流或电压的变化送给变频器。变频器内含 PID 调节器，接收传感器送来的管路水压值，并与给定值进行比较，根据比较结果，控制变频器的输出频率，进而实现电动机转速的调节和泵供水量的变化调节。当管路水压不足时，变频器增大输出频率，水泵转速加快，供水量增加，迫使管路水压上升。反之水泵转速减慢，供水量减小，管路水压力下降，保持恒压供水。

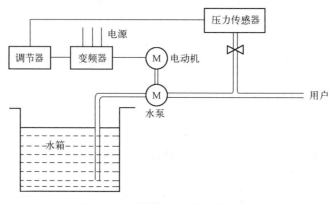

图 4-11　恒压供水系统的基本构成

系统的给定值是系统预期的目标信号。目标信号的大小与所选用的压力传感器的量程相联系。例如，若要求管网水压保持在 0.6MPa，如果压力传感器的量程选为 0~1MPa，则目标值为 60%，如果压力传感器的量程为 0~2MPa，则目标值为 30%。

本控制系统主要对供水水压进行控制，保证用户或用水设备所需水压在规定范围内。

2. PID 控制系统的构成

二维码 4-10　恒压供水中的 PID 控制

PID 就是比例（P）、积分（I）、微分（D）控制，是使控制系统的被控制量在各种情况下都能够迅速而准确地无限接近控制目标的一种手段。具体地说，即随时将传感器测得的实际信号（称为反馈信号）与被控量的目标信号相比较，以判断是否已经达到预定的控制目标；如尚未达到，则根据两者的差值进行调整，直至达到预定的控制目标为止。

PID 调节的恒压供水系统的示意图如图 4-12 所示。供水系统的反馈信号是水泵管路的实际压力，该信号通过压力传感器转换成电量（电压或电流），反馈到 PID 调节器。PID 调节器将管路水压的反馈值与给定值进行比较，控制变频器的输出频率。当管网压力不足时，变频器增大输出频率，水泵转速加快，供水量增加，迫使管网压力上升。反之水泵转速减慢，供水量减小，管网压力下降，保持恒压供水。

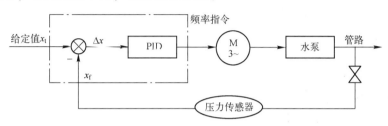

图 4-12　恒压供水 PID 控制系统示意图

3. PID 调节过程

现代大部分的通用变频器都自带了 PID 调节功能。用户在选择了 PID 功能后，通常需要输入下面几个参数。

（1）PID 控制的给定值（x_t）

x_t 的值就是当系统的压力达到给定压力 p_p 时，由压力传感器反映出的 x_f 的大小，通常是给定压力与传感器量程的百分数。因此同样的给定压力，由不同量程的传感器所得到的 x_t 值是不一样的。

系统要求偏差信号 $\Delta x = x_t - x_f \approx 0$，则变频器输出频率 $f_x = 0$，那么变频器就不可能维持一定的输出频率，网路的实际水压就无法维持。为了维持网路有一定的压力，变频器必须有一输出频率，这就是矛盾所在。

（2）比例增益环节（P）

如图 4-13 所示，P 的功能就是将 Δx 的值按比例进行放大，再作为频率给定信号 x_g。放大倍数用比例增益 K_p 表示，比例值增益 K_p 越大，反馈的微小变化量就会引起执行量很大变化。这样尽管 Δx 的值很小，但是经放大后再来调整水泵的转速也会比较准确、迅速。

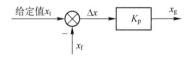

图 4-13　比例增益环节（P）

但是，如果 K_p 值设的过大，Δx 的值将变得很大，系统的实际压力调整到给定值的速度必定很快。由于拖动系统的惯性原因，很容易引起超调。于是控制又必须反方向调节，这样就会使系统的实际压力在给定值（恒压值）附近来回振荡，为了缓解因 P 功能给定值过大而引起的超调振荡，可以引入积分功能。

（3）积分环节（I）

积分环节就是对偏差信号 Δx 取积分后输出，其作用是延长加速或减速的时间，以缓解 K_p 设置过大而引起的超调。增加积分功能后使得超调减小，避免了系统的压力振荡，但是也延长了压力重新回到给定值的时间。为了克服上述缺陷，又增加了微分功能。

（4）微分环节（D）

微分环节就是对 Δx 取微分后再输出。也就是说当实际压力刚开始下降时，压力变化率 $\mathrm{d}p/\mathrm{d}t$ 最大，此时 Δx 的变化率最大，D 输出也就最大。随着水泵转速的逐渐升高，管路压力会逐渐恢复，$\mathrm{d}p/\mathrm{d}t$ 会逐渐减小，D 输出也会迅速衰减，系统又呈现 PI 调节。

经 PID 调节后的管路水压，既保证了系统的动态响应速度，又避免了在调节过程中的振荡，因此 PID 调节功能在恒压供水系统中得到了广泛应用。

4. PID 控制的特点

PID 功能预置即预置变频器的 PID 功能有效。当变频器完全按 P、I、D 调节的规律运行时，其工作特点如下。

1）变频器的输出频率只根据管路的实际压力与目标压力比较的结果进行调整，所以频率的大小与被控量（压力）之间并无对应关系。

2）变频器的加、减速过程将完全取决于由 P、I、D 数据所决定的动态响应过程，而原来预置的加速时间和减速时间将不再起作用。

3）变频器的输出频率始终处于调整状态，因此其显示的频率经常不稳定。

5. 恒压供水 PID 控制系统的硬件电路

本任务以模拟恒压供水系统为控制对象，进行 PID 控制硬件接线、参数设置和系统调试，要求 PID 参数设置合理，变频器在 PID 控制功能下输出频率能最快速接近目标值，稳定运行在设定的固定频率上。

恒压供水 PID 控制系统的硬件接线如图 4-14 所示，从图可以看出恒压供水 PID 控制系统中，变频器需要接收反馈信号和目标给定信号。

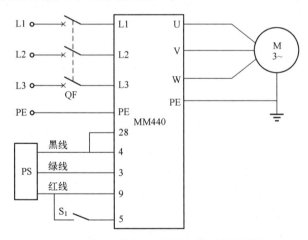

图 4-14 恒压供水 PID 控制系统硬件接线图

（1）反馈信号的接入

恒压供水中反馈信号是管路的压力，直接从压力传感器获取。图 4-14 中，PS 是压力传感器。将红线（+24 V）和黑线（GND）分别接到变频器的数字输入端子 9（+24 V）和 28（GND），则在绿线与黑线之间即可得到与被测压力成正比的电压信号，把绿线和黑线分别接到变频器的模拟量输入端子 3 和 4，变频器就得到了压力反馈的电流信号。

二维码 4-11 PID 控制的硬件接线及参数设置

120

（2）目标给定信号的接入

目标信号采用变频器的操作面板直接设定。图 4-14 中接到数字量输入端子 5 的开关信号是控制系统的起动、停止的控制信号。

6. PID 相关参数介绍

MM440 变频器完成 PID 控制功能需要设置的参数包括控制参数、目标参数、反馈参数、PID 参数。

1）设置控制参数，见表 4-9。

表 4-9　控制参数表

序　号	参数及设定值	功　能　说　明
1	P0700 = 2	由外部端子输入
2	P0701 = 1	端子 DIN1 功能为正转起、停控制
3	P0702 = 0	端子 DIN2 禁用
4	P0703 = 0	端子 DIN3 禁用
5	P0704 = 0	端子 DIN4 禁用
6	* P0725 = 1	端子 DIN 输入高电平有效
7	P1000 = 1	频率设定由 BOP 设置
8	P1080 = 10	下限频率设置为 10 Hz
9	* P1082 = 50	上限频率设置为 50 Hz
10	* P2200 = 1	PID 控制功能使能

注：带 * 的参数是变频器出厂默认值。

2）设置目标参数，见表 4-10。

表 4-10　目标参数表

序　号	参数及设定值	功　能　说　明
1	P2240 = 60	由 BOP 设定的目标值为 60%
2	P2253 = 2250	已激活的 PID 设定值
3	* P2254 = 0	为 PID 微调信号源
4	* P2255 = 100	PID 设定值的增益系数
5	P2256 = 0	PID 微调信号的增益系数
6	* P2257 = 1	PID 设定值斜坡上升时间
7	* P2258 = 1	PID 设定值斜坡下降时间
8	* P2261 = 0	PID 设定值为滤波

注：带 * 的参数是变频器出厂默认值。

3）设置反馈参数，见表 4-11。

表 4-11　反馈参数表

序　号	参数及设定值	功　能　说　明
1	* P2264 = 755. 0	PID 反馈信号由 AIN+设定
2	* P2265 = 0	PID 反馈信号无滤波

序　号	参数及设定值	功　能　说　明
3	* P2267 = 100	PID 反馈信号的上限值为 100%
4	* P2268 = 0	PID 反馈信号的下限值为 0%
5	* P2269 = 100	PID 反馈信号的增益为 100%
6	* P2270 = 0	不用 PID 反馈器的数学模型
7	* P2271 = 0	PID 传感器的反馈形式为正常

注：带 * 的参数是变频器出厂默认值。

4）设置 PID 参数，见表 4-12。

表 4-12　PID 参数设置表

序　号	参数及设定值	功　能　说　明
1	P2280 = 25	PID 比例增益系数设置为 25%
2	P2285 = 5	PID 积分时间设置为 5 s
3	* P2291 = 100	PID 输出上限值设置为 100%
4	* P2292 = 0	PID 输出下限值设置为 0%
5	* P2293 = 1	PID 设定值斜坡上升/下降时间为 1 s

注：带 * 的参数是变频器出厂默认值。

7. PID 控制系统调试

1）逻辑关系的预置。

逻辑关系由参数 P2271 决定，当 P2271 = 0（默认值）时是正逻辑（负反馈），当 P2271 = 1 时是负逻辑（正反馈）。恒压供水（负反馈）调试过程以正逻辑为例。

2）比例增益与积分时间的调试。

① 手动模拟调试。

在系统运行之前，可以先用手动模拟的方法对 PID 功能进行初步调试。首先，将目标值预置到实际需要的数值；将一个手控的电压或电流信号接至变频器的反馈信号输入端。缓慢地调节目标信号，正常的情况是：当目标信号超过反馈信号时，变频器的输入频率将不断地上升，直至最高频率；反之，当反馈信号高于目标信号时，变频器的输入频率将不断下降，直至频率为 0 Hz。上升或下降的快慢，反映了积分时间的大小。

② P、I、D 的参数调试。

由于 P、I、D 的参数的取值与系统的惯性大小有很大的关系，因此很难一次调定。首先将微分功能 D 的参数调为 0。在许多要求不高的控制系统中，微分功能 D 可以不用，在初次调试时，P 的参数可按中间偏大值来预置；保持变频器的出厂设定值不变，使系统运行起来，观察其工作情况：如果在压力下降或上升后难以恢复，说明反应太慢，则应加大比例增益 K_P，在增大 K_P 后，虽然反应快了，但却容易在目标值附近波动，说明应加大积分时间 T_S，直至基本不振荡为止。

总之，在反应太慢时，就调大 K_P，或减小积分时间 T_S，在发生振荡时，应调小 K_p，或加大积分时间 T_s。在有些对反应速度要求较高的系统中，可考虑加微分环节 D。

3）模拟信号的调试。

将模拟量输入端子3、4并联一个可调的电流信号，进行手动调试，首先是合上与端子5连接的开关S_1，起动变频器，观察电动机的运行情况，以及变频器的输出频率是多少。然后通过外加电流调节反馈信号，先观察电流在16 mA时，看变频器的输出频率如何变化，以及变化速度的快慢；然后将电流调到8 mA，看变频器的输出频率如何变化，以及变化速度的快慢；然后将电压调到9 V，看变频器的输出频率如何变化，以及变化速度的快慢。

若变频器的频率能按期望上升/下降，说明控制逻辑是正确的，否则需要设置参数P2271修改控制逻辑。如果上升/下降的速度慢，可以将参数P2280增加，反之，如果上升/下降速度过快，则将参数P2280减小。同时可以适当调整参数P2285，当P2280增加时，可以将P2285减小，反之，当P2280减小时，可以将P2285增加，直到变频器的输出频率变化速度合适为止。

4）模型的调试。

将模拟量输入端子3、4并联的可调电流信号拆掉，起动模拟恒压供水模型，通过阀门调节水流量，观察水流量变大/小时，电动机的转速是否升高/降低，变频器的输出频率是否增大/减小以及变化的速度，根据变化情况，调整P2280、P2285和P2293，直到无论阀门如何调节，变频器最终都能快速调节并能稳定在某一固定值。

5）将变频器的参数P2240修改为80或40，然后调节阀门，观察电动机的转速和变频器的输出频率的变化情况，系统的PID调节效果是否满意，不满意重新调节PID参数使系统处于最佳工作状态。

6）断开变频器电源，拆除导线，整理实训场所。

4.3.2 恒压供水控制系统的实现

生产及生活都离不开水，但由于用户或用水设备数量的变化会导致送水管路中水压的变化，水压的升降会使用户或用水设备受到影响，这时则需要保证送水管路的水压保持恒定。

1. 控制要求

某多层住宅小区（如300户以内）或其他小规模的用水系统，水泵功率一般不超过7.5 kW，系统控制要求如下。

（1）生活/消防两种方式

生活供水时系统低恒压值运行，消防供水时系统高压运行（所有水泵均工频运行）。

（2）生活自动/手动两种方式

在正常生活供水时，系统工作方式处于自动方式；当控制系统发生异常时，维护人员可拨向手动工作方式，进行控制系统维护和调试。

（3）变频/工频运行功能

变频器始终固定驱动一台水泵并根据其实时输出频率控制其他水泵起停。即当变频器的输出频率连续10 s达到最大频率45 Hz时，该水泵以工频电源运行，同时起动下一台水泵变频运行；当变频器的输出频率连续10 s达到最小频率5 Hz时，停止该台水泵的运行。由此控制增减工频运行水泵的台数。

（4）轮休及软起动功能

系统共设三台水泵，正常情况下一台水泵工频运行，一台水泵变频运行，一台水泵备用，当连续运行 10 天后，进行轮休，即第二台水泵工频运行，第三台水泵变频运行，第一台水泵备用，如此循环；当出现用水低谷时，可能只有一台水泵变频运行就能满足用水要求，出现用水高峰时，必须有两台水泵以工频运行，方能满足用水要求。每台泵在起动时都要求有软起动功能。

（5）PID 调节功能

PLC 采用 PID 调节指令，实时调节系统水压，即由压力传感器反馈的水压信号直接送入 PLC 的模拟量扩展模块，给定压力值、PID 参数值通过 PLC 程序实现自动调节，通过对系统参数在实际运行中调整，可使系统控制响应趋于完整。

（6）指示及报警功能

系统应设有电源指示、水泵运行方式指示及报警指示。若两台水泵均以工频运行，累计时间超过 30 min（以防水路管道有损坏），或水泵过载等，这时系统发出报警指示。

2. 设计要点

变频器系统的设计要点如下。

（1）变频器的控制方式

对于风机和泵类负载，大部分生产厂商专门生产了风机、泵类专用型的变频器，一般情况下可直接选用。控制方式选用 U/f 控制方式为宜，对于水泵来说，宜选用负载补偿程度较轻的 U/f 线。对于具有恒转矩特性的齿轮泵以及特殊场合的水泵，则以"带得动"为原则，根据具体工况进行设定。

二维码 4-12　变频器系统的设计要点

（2）变频器的容量

当一台变频器控制一台电动机时，只需使变频器的配用容量与实际电动机容量相符即可。当一台变频器控制两台电动机时，原则上变频器的配用容量应该等于两台电动机的容量之和。如果在高峰负载时的用水量比两台水泵全速供水的供水量相差很多时，可以考虑适当减小变频器的容量，但应注意预留足够的裕量。

（3）电动机的热保护

虽然水泵在低速运行时，电动机的工作电流较小，但是当用户的用水量变化频繁时，电动机处于频繁的升、降速状态，而升、降速的电流可能略超过电动机的额定电流，导致电动机过热。对于这种频繁地升、降速而积累起来的温升，变频器内的电子热保护是难以起到作用的，所以应采用热继电器来进行电动机的热保护。

（4）主要的功能预置

最高频率：应以电动机的额定频率为变频器的最高频率。

升、降速时间：在采用 PID 调节器的情况下，升降速时间尽量设定得短一些，以免影响 PID 调节器决定的动态响应过程。当变频器具有 PID 调节功能时，若在预置时设定 PID 有效，则所设定的升速和降速时间将自动失效。

3. 硬件电路

（1）PLC 的 I/O 分配

根据控制系统要求可确定 S7-200 SMART PLC 需要 10 个输入点，11 个输出点，其 I/O 分配见表 4-13。

表 4-13 恒压供水系统 I/O 分配表

输 入		输 出	
输入继电器	作 用	输出继电器	作 用
I0.0	消防用水	Q0.0	电动机1工频运行
I0.1	生活用水	Q0.1	电动机1变频运行
I0.2	系统起动	Q0.2	电动机2工频运行
I0.3	系统停止	Q0.3	电动机2变频运行
I0.4	测试信号	Q0.4	电动机3工频运行
I0.5	解除故障按钮	Q0.5	电动机3变频运行
I0.6	水泵1过载	Q0.6	消防用水电磁阀
I0.7	水泵2过载	Q0.7	生活用水电磁阀
I1.0	水泵3过载	Q1.0	变频器起动信号
I1.1	变频器故障信号	Q1.1	变频器复频控制
		Q1.2	故障报警指示

（2）主电路设计

控制系统原理图包括主电路图、控制电路图及 PLC 外围接线图，分别如图 4-15、图 4-16 和图 4-17 所示。

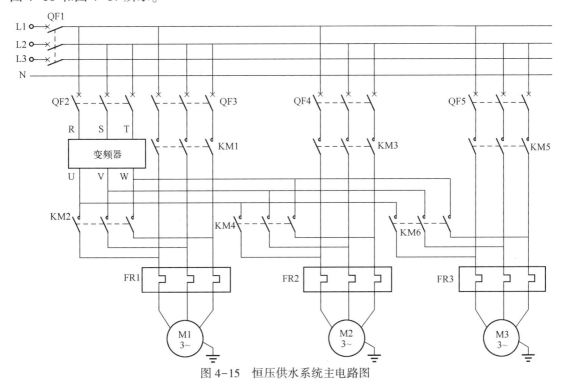

图 4-15 恒压供水系统主电路图

图 4-15 中，三台水泵分别由三台电动机驱动，接触器 KM1、KM3、KM5 分别控制 M1、M2、M3 的工频运行；接触器 KM2、KM4、KM6 分别控制 M1、M2、M3 的变频运行；FR1、FR2、FR3 分别为三台电动机的过载保护用的热继电器；QF1 ~ QF5 分别为变频器和三台水泵电动机主电路的断路器。

（3）控制电路设计

图 4-16 为系统控制电路图，图中 SA1 为手动/自动工作方式转换开关，SA1 拨在"1"的位置为手动控制状态；拨在"2"的位置为自动控制状态。手动运行时，可用按钮 SB1～SB8 控制三台水泵的起动/停止和电磁阀 YV1 的通断；自动运行时，系统由 PLC 程序控制。

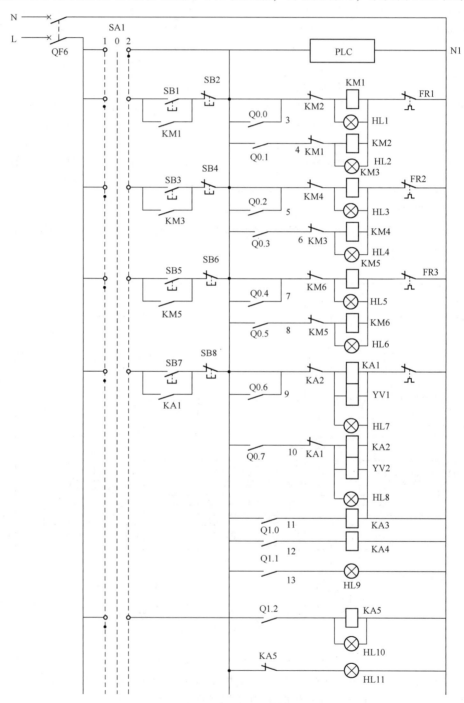

图 4-16　恒压供水系统控制电路图

图中 HL10、HL11 为手动和自动运行状态指示灯；KA1 和 KA2 为中间继电器，以实现消防和生活用水电磁阀的互锁；KA3、KA4 为变频器的起动和频率复位继电器（满足每台泵电动机起动为软起动要求），为了节省 PLC 的输出点，故用中间继电器加以转换，为以后增加控制功能留有输出点余量而设置，若直接使用 PLC 的输出点作为变频器的起动和频率复位控制信号，则该输出点的那组公共端 L 必须与变频器相连。图中的 Q0.0～Q1.2 为 PLC 的输出继电器触点，它们上端的 3、4…13 等数字为接线编号。

考虑 PLC 发生故障时，可切换到手动工作方式进行应急供水。因此，手动/自动工作方式转换开关、三台水泵电动机及生活/消防用水电磁阀的手动起停按钮未连接到 PLC 的输入端子，以保障 PLC 损坏时生活或生产的正常供水。

（4）PLC 外围接线图

图 4-17 为 PLC 及扩展模块 EM AM06 外围接线图。CPU SR40 型 PLC 为恒压供水控制系统的控制核心，EM AM06 模拟量模块为扩展模块，通过总线电缆与 CPU 相连。系统水压检测传感器输出值（0～10 V）接至 EM AM06 模拟量输入端，模拟量输出端接至变频器 MM440 的端子 3 和 4。

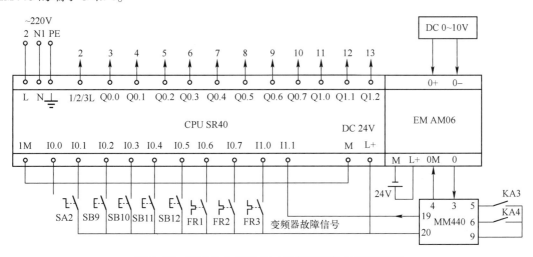

图 4-17　恒压供水系统 PLC 及扩展模块外围接线图

4. 变频器参数设置

若想让变频器按照控制系统要求准确可靠运行，必须对其相关参数加以设定，本控制系统变频器相关参数设定见表 4-14。值得注意的是，在设定参数之前需将变频器中的参数复位到出厂时的默认值。

表 4-14　恒压供水系统的变频器参数设定

序号	参数	设定值	参数功能说明
1	P0003	1	用户访问等级为标准级（1 为设置最基本参数）
2	P0700	2	选择命令给定源（2 为 I/O 端子控制）
3	P0701	1	控制端子（DIN1）功能选择（1 为接通正转，0 为断开停车）
4	P0702	9	控制端子（DIN2）功能选择（9 为选择故障复位）

序号	参数	设定值	参数功能说明
5	P0731	52.3	数字量输出为1的信号源设定（52.3为变频器故障输出）
6	P0100	0	选择电动机的功率单位和电网频率（0表示功率单位为kW、电网频率为50 Hz）
7	P0205	1	变频器的应用对象（1为变转矩负载）
8	P0300	1	选择机类型（1为异步电动机）
9	P0304	以铭牌数据为准	电动机的额定电压
10	P0305	以铭牌数据为准	三台电动机额定总电流
11	P0307	以铭牌数据为准	电动机的额定功率
12	P0308	以铭牌数据为准	电动机的功率因数
13	P0309	以铭牌数据为准	电动机的额定效率
14	P0310	50	电动机的额定频率
15	P0311	以铭牌数据为准	电动机的额定转速
16	P1000	2	设置频率给定源（2为模拟量输入1通道）
17	P1080	5	电动机运行最小频率为5 Hz
18	P1082	50	电动机运行最大频率为50 Hz
19	P1120	10	电动机从静止状态加速到最大频率所需要时间为10 s
20	P1121	10	电动机从最大频率减速到静止状态所需要时间为10 s
21	P1300	0	控制方式选择（0为线性 U/f）
22	P0756	1	模拟电压极性选择（1为带监控的单极性电压输入0~10 V）
23	P0757	0	0 V对应0%的标度，即0 Hz
24	P0758	0	
25	P0759	10	10 V对应100%的标度，即50 Hz
26	P0760	100	
27	P0761	0	死区宽度为0 V
28	P2200	1	PID控制功能使能
29	P2240	60	由BOP设定的目标值为60%
30	P2253	2250	已激活的PID设定值
31	P2255	0	PID设定值的增益系数
32	P2280	25	PID比例增益系数设置为25%
33	P2285	5	PID积分时间设置为5 s

自行设计PLC程序，按照表4-14设置变频器参数，通电后分别进行生活/消防控制功能、生活自动/手动控制功能、变频/工频运行切换控制功能、轮休及软起动功能、PID调节功能的调试。

4.3.3　思考与练习

简答题

1. PID 控制的含义是什么？由哪些环节构成？
2. PID 控制特点是什么？
3. PID 控制给定信号、反馈信号的获取和接线方法。
4. PID 控制有哪些必须设置的参数？PID 的使能控制、增益系数、积分时间如何设置？
5. 恒压供水系统一般具有哪些功能？实际意义是什么？

项目 4.4　起重机变频调速控制系统

【学习目标】

- 掌握 PLC 控制变频器实现多段速调速的方法。
- 掌握多段速控制在起重设备中的应用。
- 掌握 PLC、变频器综合控制系统装调的方法。

【资格认证】

- 会进行 PLC 控制变频器多段速运行的电路安装。
- 会进行 PLC 控制变频器多段速运行时的程序设计、参数设置。
- 会调试 PLC、变频器多段速运行系统。

【项目引入】

桥式起重机是工矿企业中应用非常广泛的一种起重设备，其拖动系统采用绕线式交流异步电动机，依靠转子回路内串入的多段外接电阻来进行调速，采用凸轮控制器、继电器–接触器控制，这种控制系统属于传统的有接点控制系统，有着能耗大、调速平滑性差、系统维护困难等缺陷，存在着安全隐患。因此，对起重机进行变频调速改造，提高其整体安全性能显得尤为重要。

二维码 4-13　桥式起重机介绍

【任务描述】

应用变频器的多段速控制功能，设计桥式起重机的大车控制系统，并进行系统的装调。

4.4.1　桥式起重机介绍

桥式起重机是横架于车间、仓库和料场上空进行物料吊运的起重设备。由于它两端坐落在高大的水泥柱上或金属支架上，形状似桥，所以俗称"天车"和"行车"。它是使用范围最广、使用数量最多的一种起重机械。桥式起重机由桥架，装有提升机构的小车、大车移行机构及操纵室等几部分组成，其结构如图 4-18 所示。

大车移行机构由驱动电动机、制动器、传动轴、减速器和车轮等几部分组成。整个起重机在大车移行机构驱动下，沿车间长度方向前后移动。小车运行机构由小车架、小车移行机构和提升机构组成。小车可沿桥架主梁上的轨道左右移行。在小车运动方向的两端装有缓冲器和限位开关。

a)   b)

图 4-18　桥式起重机实物图

a）单梁桥式起重机　b）双梁桥式起重机

通过以上分析可知，桥式起重机的运动形式有三种：由大车拖动电动机驱动的前后运动，由小车拖动电动机驱动的左右运动以及由提升电动机驱动的重物升降运动。小车行走机构采用 1 台电动机，大车行走机构采用 2 台电动机。

本次任务以 32/5 t 的桥式超重机的大车、小车的变频控制系统设计为例。在起重机的大车、小车的变频控制系统，相关控制要求为：大车按前后方向运行，且运行速度有 1~3 档，加减速时间 6 s。小车按左右方向运行，且运行速度有 1~4 档，加减速时间 6 s。系统配备制动单元及制动电阻，释放电动机被倒拉处于发电状态时产生的能量。

4.4.2　起重机变频调速控制

1. 起重机控制系统

起重机控制系统框图如图 4-19 所示，桥式起重机的电气传动有大车电动机 2 台，小车电动机 1 台，32 t 主钩、5 t 副钩提升机构电动机各 1 台；用 4 台变频器控制 5 台电动机，实现重载起动、变频调速。主电路原理图如图 4-20 所示，电动机选型见表 4-15。

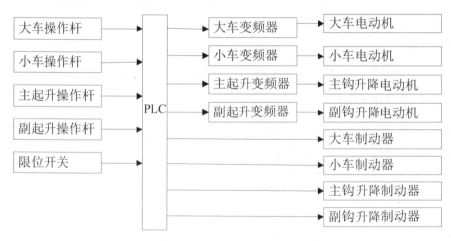

图 4-19　起重机控制系统框图

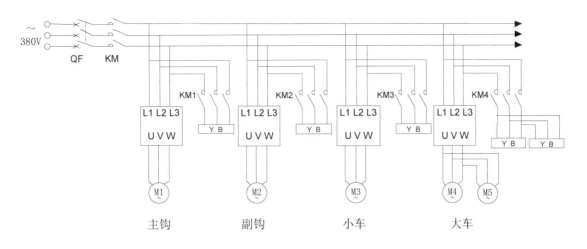

图 4-20 起重机变频调速控制主电路

表 4-15 电动机选型

用 途	大车电动机	小车电动机	主钩升降电动机	副钩升降电动机
型号	YZR160L-6	YZRM1-6-ZM1002	YZR315M-10	YZR200L-10
额定功率/KW	11	5.8	53	15
额定电压/V	380	380	380	380

2. 大车行走驱动控制电路

目前国内起重机领域行走系列、升降系列变频器使用安川、三菱、西门子系列较多。本次设计以大车控制为例，PLC、变频器选择S7-200SMART、MM440，I/O分配及与变频器的接口关系见表4-16，PLC与MM440接线如图4-21所示。

二维码 4-14 起重机大车控制系统的硬件设计

表 4-16 I/O 分配及与变频器的接口关系

输 入			输 出		
输入继电器	连接的外部设备	作 用	输出继电器	连接的外部设备	作 用
I0.0	SB1	正向起停按钮	Q0.0	KA1	大车1段速控制
I0.1	SB2	反向起停按钮	Q0.1	KA2	大车2段速控制
I0.2	S1	大车1段速开关	Q0.2	KA3	大车3段速控制
I0.3	S2	大车2段速开关	Q0.3	KA4	大车4段速控制
I0.4	S3	大车3段速开关	Q0.4	KA5	正转控制
I0.5	S4	大车4段速开关	Q0.5	KA6	反转控制
I0.6	SQ1	前进限位开关	Q1.0	KM	电源接触器
I0.7	SQ2	后退限位开关			

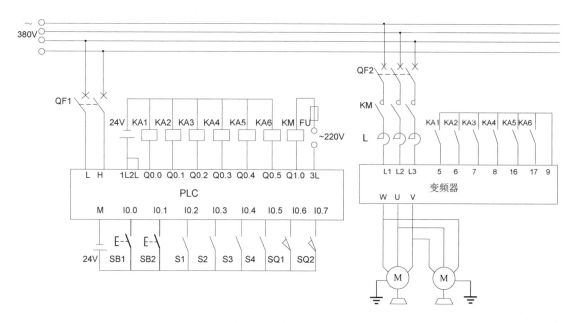

图 4-21　起重机大车行走驱动控制电路图

3. 大车变频调速参数设置

根据桥式起重机大车行走系统控制要求，变频器主要设置参数有多段速频率选择控制方式、多段速速度、加减速时间等，见表 4-17。

二维码 4-15　起重机大车控制系统的参数设置

表 4-17　起重机大车控制变频器参数设置

参　数	设　置　值	说　明
P0700	2	用外部端子控制变频器起停
P1000	3	选择固定频率调速
P0701	16	固定频率选择+1 命令
P0702	16	固定频率选择+1 命令
P0703	16	固定频率选择+1 命令
P0704	16	固定频率选择+1 命令
P0705	1	端子 16 控制正转
P0706	2	端子 17 控制反转
P1001	5	1 段速速度/Hz
P1002	10	2 段速速度/Hz
P1003	20	3 段速速度/Hz
P1004	30	4 段速速度/Hz
P1120	6	加速时间
P1121	6	减速时间

4.4.3　思考与练习

简答题

1. 多档速控制时需要设置变频器的哪些参数？

2. 起重机的大车、小车的速度是如何改变的？

3. 在图 4-21 中，继电器 KA1～KA4 是否可以省略？是否可以直接将 PLC 输出端子 Q0.0～Q0.3 接到变频器端口 5～8 上？

项目 4.5　PLC、触摸屏和变频器控制的自动送料系统

【学习目标】

- 掌握组态软件的使用方法。
- 掌握按钮、灯、输入框、文本框、标签等控件的使用。
- 掌握触摸屏与 PLC 之间的通信设置。
- 掌握 PLC、触摸屏、变频器组成的综合控制系统设计思路。

【资格认证】

- 能选用和连接触摸屏。
- 能进行触摸屏组态软件的使用。
- 能编辑和修改触摸屏组态画面。
- 能设置触摸屏与 PLC 之间的通信参数。
- 能调试 PLC、触摸屏、变频器组成的综合控制系统。

【项目引入】

组态软件是工业应用软件的一个组成部分，未来的传感器、数据采集装置、控制器的智能化程度越来越高，通过以太网就可以直接访问过程实时数据。用户对监控系统人机界面的需求不再是单一的模式，而是需要组态和定制的。MSGS 组态软件是北京昆仑通态自动化软件科技有限公司（以下简称昆仑公司）开发的产品，包含通用版、网络版和嵌入版。三大产品完美结合，融为一体，形成了整个工业监控系统完整的产品体系结构，完成了工业现场从设备数据采集、工作站数据处理和控制，到上位机网络管理和 Web 浏览的所有功能，是企业实现管控一体化的理想选择。本项目以 TPC7062Ti 触摸屏、MCGS 嵌入版组态软件为例，介绍了自动送料系统的 PLC、触摸屏、变频器组成的监控方案设计和装调。

【任务描述】

采用 PLC、触摸屏、变频器综合控制技术，设计自动送料控制系统，并进行系统的装调，实现 PLC、触摸屏、变频器三者之间的通信、联调。

4.5.1　人机界面（HMI）

人机界面（Human Machine Interface）又称人机接口，简称 HMI。泛指计算机与操作人员交换信息的设备。在控制领域，HMI 特指用于操作人员与控制系统之间进行对话和相互作用的专用设备。人机界面是按工业现场环境应用设计的，防护等级较高，坚固耐用，能够

在工业环境中长时间连续运行，因此人机界面是 PLC 的最佳搭档，可承担以下任务。

1）过程可视化。在人机界面上动态显示过程数据。

2）实现操作人员对过程的控制。操作人员通过图形界面来控制过程。

3）显示报警。过程的临界状态会自动触发报警。

4）记录功能。顺序记录过程值和报警信息，用户可以检索以前的生产数据。

5）输出过程值和报警记录。可输出生产过程中参数的过程数据及报警数据等。

6）过程和设备的参数管理。将过程和设备的参数存储在配方中，可以一次性将这些参数从人机界面下载到 PLC 中，以便 PLC 控制机器参数的设置。

人机界面按显示方式的不同，分文本显示器、操作员面板和触摸屏。触摸屏（TPC）主要完成现场数据采集与监测、处理与控制，可以由用户在触摸屏画面上设置具有明确意义和提示信息的触摸式按键、文字、图形和数字信息，来处理或监控不断变化的信息。触摸屏与其他相关的输入/输出硬件设备组合，用于现场数据采集、处理和控制。它可以灵活组态各种智能仪表、数据采集模块、无纸记录仪、无人值守的现场采集站等专用设备。

4.5.2　组态软件（MCGS）

MSGS 组态软件是昆仑公司开发用于 MSGS TPC 对应的软件。主要由主控窗口、设备窗口、用户窗口、实时数据库和运行策略 5 个部分构成，如图 4-22 所示。

1. 主控窗口

主控窗口构造了应用系统的主框架，确定了工业控制工程作业的总体轮廓，以及运行流程、特性参数和起动特性等内容，是应用系统的主框架。

2. 设备窗口

设备窗口是 MCGS 系统与外界设备联系的媒介，专门用来放置不同类型和功能的设备构件，实现对

图 4-22　MCGS 组态窗口

外设备的操作和控制。设备窗口通过设备构件把外部设备的数据采集进来，送入实时数据库，或把实时数据库中的数据输出到外部设备。

3. 用户窗口

用户窗口可以放置 3 种图形对象：图元、图符和动画构件。通过图形对象，用户可以构造各种图形界面，实现数据和流程的可视化。

4. 实时数据库

实时数据库是 MCGS 系统的核心，相当于数据处理中心。从外部设备采集进来的实时数据送入实时数据库，系统其他操作数据也来自实时数据库。

5. 运行策略

运行策略是指对监控系统的运行流程进行控制的方法和条件，它能够对系统执行某项操作和实现某种功能进行有条件的约束，使系统按照设定的顺序和条件操作任务，实现对外部设备工作过程的精确控制和有序的调度管理。

组态软件的组态环境和模拟运行环境，可以在 PC 上运行。组态工作完成后，将组态好的工程下载到触摸屏的运行环境中，组态工程就可以离开组态环境而独立运行在 TPC 上了。

4.5.3　自动送料系统的组态设计

1. 控制要求

在现代工厂、企业中经常会用到送料小车，送料小车在工作台上往返运行，实现装料和送料工作。按下起动按钮，小车向左运行，到达装料位置，停下来进行装料。装料结束后，小车右行，到达卸料位置时，停止右行，开始卸料。卸料结束后，再次左行，如此循环。设计 PLC、触摸屏、变频器控制的自动送料系统，用触摸屏设置变频器的给定频率和显示变频器的输出频率。系统要具有相应的短路、过载、断相保护功能。

2. 工程建立

1) 单击"文件"菜单中"新建工程"选项，弹出"新建工程设置"对话框，TPC 类型选择为"TPC7062Ti"，单击"确定"按钮，如图 4-23 所示。

2) 选择"文件"菜单中的"工程另存为"菜单，弹出文件保存窗口，如图 4-24 所示。在"文件名"一栏输入文件名，选择保存路径，单击"保存"按钮，工程创建完毕。

图 4-23　"新建工程设置"对话框

图 4-24　"保存为"对话框

3. 工程组态

（1）设备组态

1) 激活"设备窗口"，双击"设备窗口" ![设备窗口]图标进入设备组态画面，单击工具条 ![按钮]按钮，打开"设备工具箱"对话框，如图 4-25 所示。

二维码 4-16　设备组态的操作演示

2) 如果设备工具箱中没有要选择的设备选项，可单击"设备工具箱"中"设备管理"按钮，在弹出的"设备管理"对话框中添加相应的可选设备，如图 4-26 所示。

3) 在设备工具箱中，双击"西门子_Smart200"设备，将其添加到组态画面，如图 4-27 所示。

图 4-25 "设备工具箱"对话框

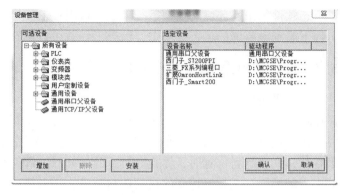

图 4-26 "设备管理"对话框

图 4-27 添加"西门子_Smart200"画面

4) 双击"设备 0--［西门子_Smart200］",在弹出的"设备编辑窗口"对话框中（见图 4-28),进行参数设置。"本地 IP 地址"指的是触摸屏 IP 地址,"远端 IP 地址"指的是 PLC 的 IP 地址,两者必须在同一局域网,例如可将其分别修改为"192.168.10.1""192.168.10.2"。这步参数设置决定了 TPC 与 PLC 的通信方式。

图 4-28 "设备编辑窗口"对话框

（2）建立数据对象

1）在组态窗口单击"实时数据库"标签，在"实时数据库"对话框中双击"新增对象"按钮，打开"数据对象属性设置"对话框（见图4-29），在"对象名称"栏输入"正向起动"，"对象类型"选择"开关"类型，然后单击"确认"按钮。同样方法，建立"反向起动""停止""左限位""右限位""正向指示""反向指示"6个开关型数据对象。

二维码4-17 数据对象的建立演示

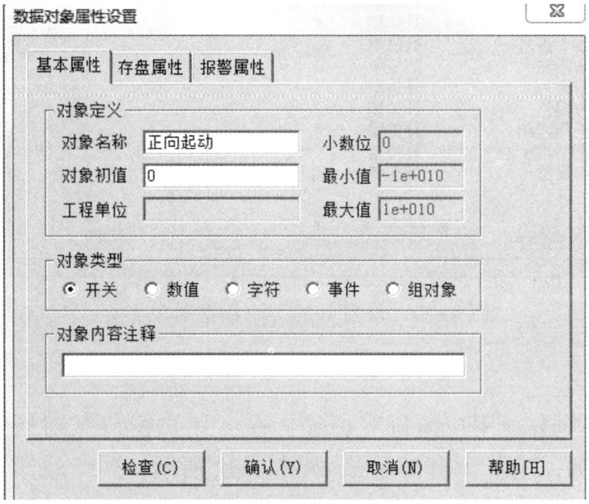

图 4-29 "数据对象属性设置"对话框

2）双击"新增对象"按钮，打开"数据对象属性设置"对话框（见图4-30），在"对象名称"栏输入"频率输出"，"对象类型"选择"数值"类型，然后单击"确认"按钮。

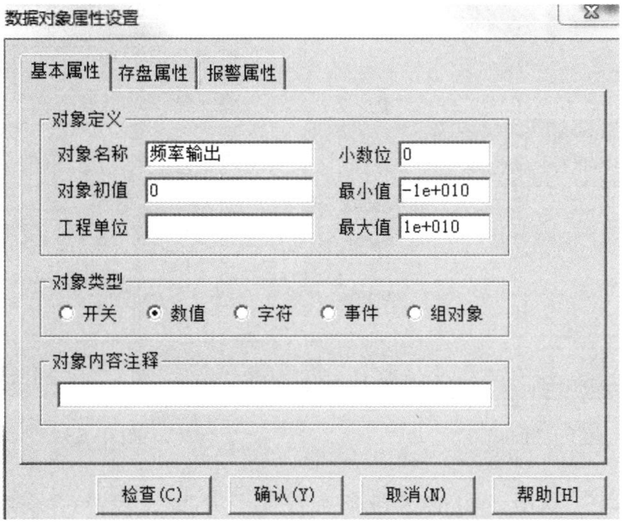

图 4-30 "频率输出"数值型数据对象设置

同样方法，建立"频率设置"数值型数据变量。设置好的实时数据对象如图 4-31 所示。

图 4-31　设置好的实时数据对象界面

（3）窗口组态

1）在组态窗口中单击"用户窗口"标签，在"用户窗口"对话框中单击"新建窗口"按钮，建立"窗口 0"，如图 4-32 所示。

2）单击"窗口属性"按钮，弹出"用户窗口属性设置"对话框（见图 4-33），将"窗口名称"修改为"自动送料系统控制"，单击"确认"按钮，进行保存。保存后出现如图 4-34 所示画面。

二维码 4-18　窗口组态的建立演示

图 4-32　建立"窗口 0"

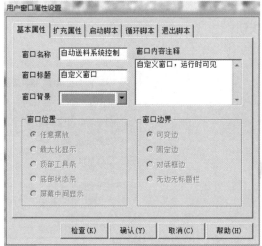

图 4-33　修改窗口名称

3）在"用户窗口"双击"自动送料系统控制"图标，进入"动画组态自动送料系统控制"画面，单击工具条上的 ⚒ 按钮，打开"工具箱"，如图 4-35 所示。

图 4-34　更改名称后的窗口

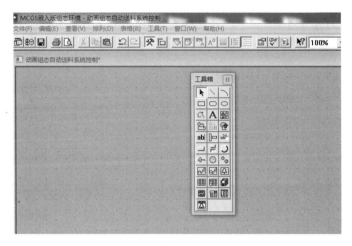

图 4-35　动画组态自动送料系统控制画面

4）建立基本图元。

① 按钮。

从"工具箱"单击"标准按钮"构件，在窗口按住鼠标左键拖动，就可以绘制按钮构件了，如图 4-36 所示。

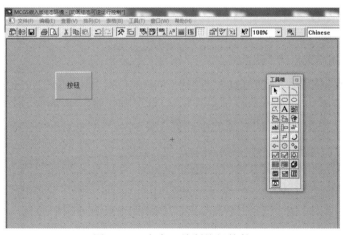

图 4-36　在窗口绘制按钮构件

双击该按钮构件可打开"标准按钮构件属性设置"对话框，在"基本属性"选项卡中，将"文本"修改为"正向起动"，如图 4-37 所示。"操作属性"选项卡中，"数据对象值操作"选择"按1松0"，变量选择"正向起动"，单击"确认"保存，如图 4-38、图 4-39 所示。

图 4-37 "标准按钮构件属性设置"对话框　　　　图 4-38 按钮"操作属性"设置界面

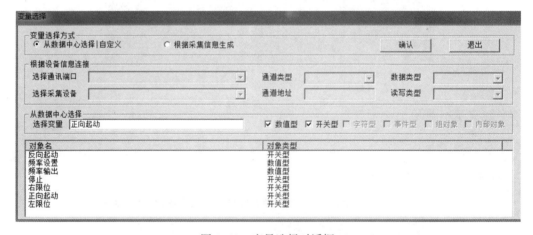

图 4-39 变量选择对话框

同样方法，分别绘制"反向起动""停止""左限位""右限位"按钮构件。"数据对象值操作"选择"按1松0"，变量分别选择"反向起动""停止""左限位""右限位"，建好后的画面如图 4-40 所示。

② 指示灯。

单击"工具箱"中的"插入元件"按钮，打开"对象元件库管理"对话框（见图 4-41），选中图形对象库指示灯中的一款，单击"确认"按钮添加到窗口画面中，并调整到合适大小。用同样的方法再添加另外一个指示灯，添加好的画面如图 4-42 所示。

二维码 4-19 绘制按钮的操作演示

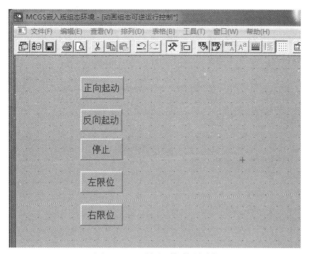

图 4-40　按钮构件绘制

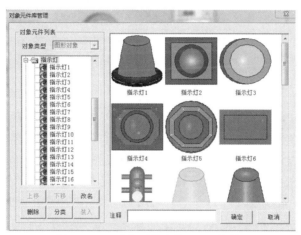

图 4-41　"对象元件库管理"对话框

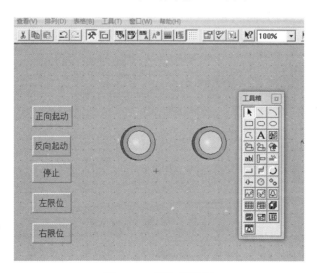

图 4-42　添加指示灯

双击其中一个指示灯，打开"单元属性设置"对话框，如图 4-43 所示，在"数据对象"选项卡中，"可见度"的"数据对象连接"选择"正向指示"变量。同样方法，另外一个指示灯的"数据对象连接"选择"反向指示"变量。

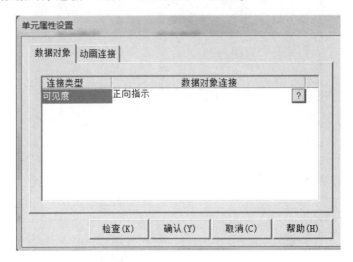

图 4-43　正向指示灯的属性设置

③ 标签。

单击"工具箱"中的"标签" Ａ 构件，在窗口按住鼠标左键拖动，绘制文本框。双击"文本框"，打开"标签动画组态属性设置"对话框（见图 4-44），"属性设置"选项卡中，通过"静态属性"可以设置文本框的填充颜色、边线颜色、字符颜色、边线线型等。例如，将边线颜色设置为"灰色"。"扩展属性"中，在文本内容输入"正向指示"，然后单击"确认"按钮，如图 4-45 所示。

图 4-44　"标签动画组态属性设置"对话框

图 4-45　标签文本内容输入

同样方法，添加另外一个标签，文本内容为"反向指示"，指示灯添加标签后的效果如图 4-46 所示。

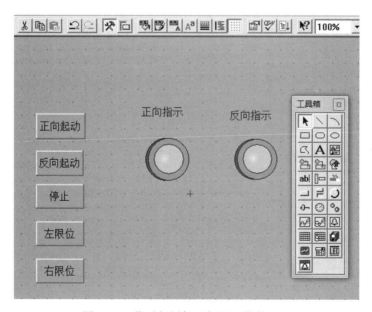

图 4-46　指示灯添加"标签"构件画面

④ 输入框。

单击"工具箱"中的"输入框"构件，在窗口按住鼠标左键拖动，绘制输入框，如图 4-47 所示。双击"输入框"打开"输入框构件属性设置"对话框，如图 4-48 所示，在"操作属性"选项卡中，"对应数据对象的名称"选择变量"频率设置"。输入框建好后，为该输入框建立标签"频率设置（Hz）"，建好后的效果如图4-49所示。

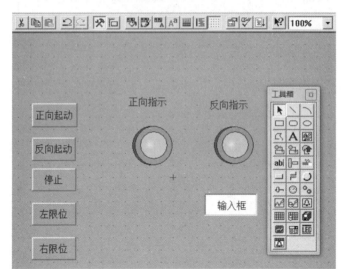

图4-47 添加"输入框"构件

图4-48 "输入框构件属性设置"对话框

⑤ 文本框。

用标签形式建立一个频率显示"文本框"，如图4-50所示。双击"文本框"，打开"标签动画组态属性设置"对话框，如图4-51所示，在"属性设置"选项卡中，"静态属性"的填充颜色选择"白色"，"输入输出连接"选中"显示输出"。

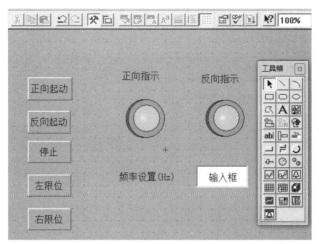

图 4-49　频率设置"输入框"界面

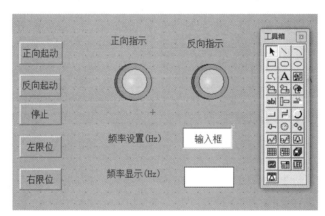

图 4-50　频率显示"文本框"设置

图 4-51　频率显示"文本框"静态属性设置

在"显示输出"选项卡中，"表达式"选择"频率输出"变量。"输出值类型"选择"数值量输出"，如图4-52所示。

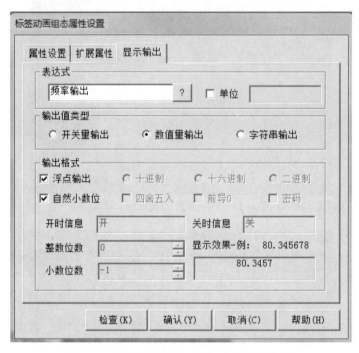

图4-52 频率显示"文本框"显示输出设置

最后，给画面设置标题"基于PLC、触摸屏、变频器控制的自动送料系统"，这样系统的组态画面就创建好了，如图4-53所示。

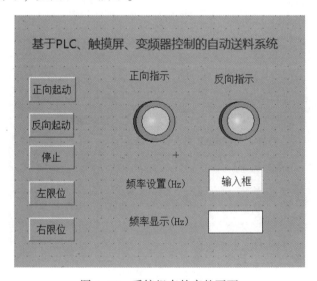

图4-53 系统组态的完整画面

（4）建立变量连接

1）建立正向起动、反向起动、停止、左限位、右限位5个开关量PLC通道。打开"设备窗口"中"设备编辑窗口",双击"增加设备通道",在弹出"添加设备通道"对话框中,进行通道变量的基本属性设置。"通道类型"选择"M内部继电器","通道地址"设置为 0,"通道个数"设置为"5",如图 4-54 所示。

二维码 4-22　变量
连接的操作演示

图 4-54　"内部继电器"通道设置

2）建立正向指示、反向指示两个开关量 PLC 通道。在"设备编辑窗口"双击"增加设备通道",在"添加设备通道"对话框中,"通道类型"选择"Q 输出继电器","通道个数"设置为"2",如图 4-55 所示。

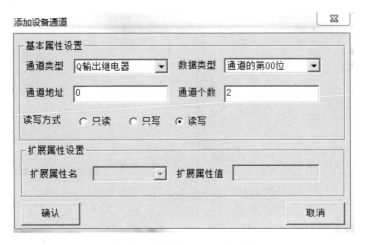

图 4-55　"输出继电器"通道设置

3）建立频率设置、频率显示两个数值变量 PLC 通道。

在"设备编辑窗口"双击"增加设备通道",在"添加设备通道"对话框中,"通道类型"选择"V 数据寄存器","数据类型"选择"32 位浮点数","通道地址"输入"50","通道个数"设置为"1",如图 4-56 所示。同样方法,建立另外一个通道地址为"20"的变量通道。建好后的全部变量通道如图 4-57 所示。

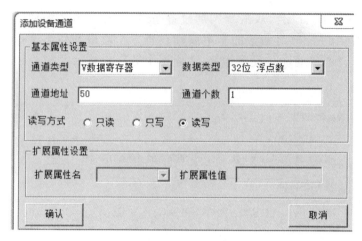

图 4-56 "变量寄存器"通道设置

图 4-57 建好的全部变量通道界面

4) 建立通道变量的连接。双击"Q000.0"通道对应的"连接变量"栏的空白处，弹出"变量选择"对话框（见图 4-58），选择"正向指示"变量，这样就建立了 PLC 变量 Q000.0 与组态实时数据库变量"正向指示"的连接关系，如图 4-59 所示。

同样方法，分别建立组态变量"反向指示、正向起动、反向起动、左限位、右限位、停止、频率设置、频率输出"与 PLC 变量"Q000.1、M000.0、M000.1、M000.2、M000.3、M000.4、VDF020、VDF050"之间的连接关系，如图 4-60 所示。

图 4-58　通道 "变量选择" 对话框

图 4-59　"正向指示" 变量与 PLC Q000.0 通道连接后的界面

（5）工程下载

单击 "下载" 🔲按钮，在弹出的 "下载配置" 对话框中，如图 4-61 所示，选择 "联机运行" 功能，"目标机名" IP 地址设置为触摸屏的 IP 地址，单击 "工程下载" 按钮，在信息框显示的相关信息中，如果有红色的信息或错误提示，将无法运行。如果显示绿色的成功信息，表明组态过程中没有违反组态规则的信息。

二维码 4-23　工程下载的操作演示

图 4-60　通道变量全部连接后的界面

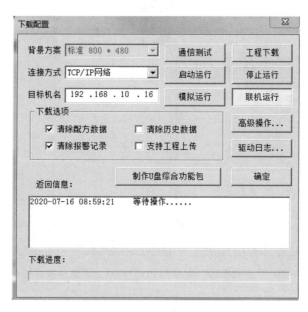

图 4-61　"工程下载"设置

4.5.4　自动送料系统的 PLC 控制设计

1. PLC 控制硬件电路

通过西门子 S7-200 SMART PLC、EM AM06 模拟量模块、TPC7062Ti 触摸屏和 MM440 变频器联机，完成对自动送料系统的控制和远程监控。为实现触摸屏显示变频器频率的功能，将变频器的频率信号通过变频器模拟量输出端子 12、13 接到 PLC 的 EM AM06 模拟量模块的输入端子 0+、0，通过 PLC 程序设计、触摸屏与 PLC 联机运行，就可以在触摸屏上实时显示变频器的运行频率了。

为实现在触摸屏上设置变频器的给定频率，将 EM AM06 模块的模拟量输出端子 0、0M 接到变频器模拟量输入端子 3、4 上。这样在触摸屏上可设置变频器的给定频率信号，通过触摸屏与 PLC 的联机运行，给定频率信号就以模拟量形式由 0、0M 端子送给变频器，达到改变变频器运行频率的目的。

PLC 的 I/O 分配及与变频器的接口关系见表 4-18，PLC、触摸屏、变频器控制系统接线如图 4-62 所示。

表 4-18 I/O 分配及与变频器的接口关系

输入			输出		
输入继电器	连接的外部设备	作　用	输出继电器	变频器接口	作　用
I0.0	SB1	正向起动	Q0.0	5	正转/停止
I0.1	SB2	反向起动	Q0.1	6	反转/停止
I0.2	SQ1	左限位开关			
I0.3	SQ2	右限位开关			
I0.4	SB3	停止			

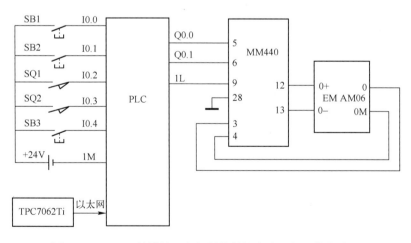

图 4-62 PLC、触摸屏、变频器控制的自动送料系统接线图

2. PLC 控制程序设计

根据控制要求，编写 PLC、变频器和触摸屏控制系统的 PLC 程序，如图 4-63 所示。

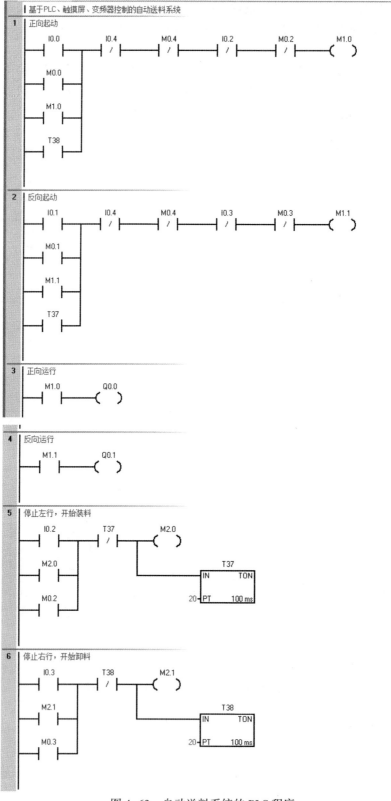

图 4-63　自动送料系统的 PLC 程序

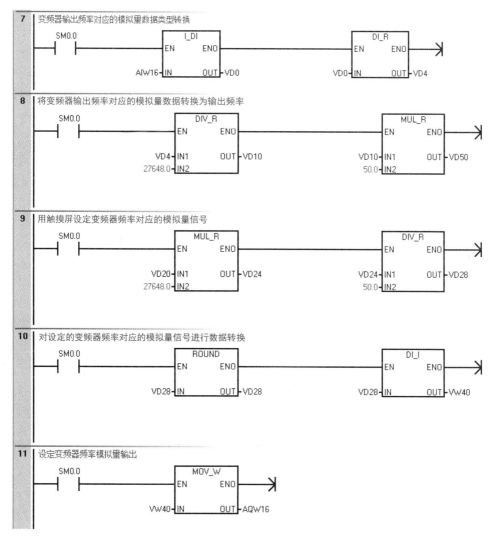

图 4-63　自动送料系统的 PLC 程序（续）

4.5.5　自动送料系统的变频器参数设置

根据自动送料系统的控制要求，变频器的参数设置见表4-19。

表 4-19　变频器参数设置

参　　数	设　置　值	说　　　明
P0700	2	用外部端子控制变频器起停
P1000	2	模拟量设定值
P0701	1	端子5控制正转起停
P0702	2	端子6控制反转起停
P0756	0	单极性电压输入
P0757	0	0 V 对应 0 Hz

参　　数	设　置　值	说　　明
P0758	0	0 V 对应 0% 的标度
P0759	10	10 V 对应 50 Hz
P0760	100	10 V 对应 100% 的标度
P0761	0	死区宽度为 0 V
P0771	21	模拟量输出表示输出频率
P0777	0	0 Hz 对应输出电流为 4 mA
P0778	4	
P0779	100	50 Hz 对应输出电流为 20 mA
P0780	20	
＊P1080	0	电动机运行最低频率/Hz
＊P1082	50	电动机运行最高频率/Hz

注：带 ＊ 的参数是变频器出厂默认值。

4.5.6　自动送料系统的联机调试

PLC、触摸屏、变频器综合控制系统的联机调试包括 PLC 控制程序调试、触摸屏控制调试、变频器功能调试，主要步骤如下。

1）按照图 4-62 进行 PLC、触摸屏、变频器的硬件连接。

2）在组态软件中，进行系统组态，并将组态工程按照图 4-61 进行连接设置，下载到触摸屏中。

3）编写 PLC 控制程序，并下载到 PLC 中。

4）按照表 4-19 设置变频器的参数。

5）现场操作起动按钮、停止按钮、左/右限位的行程开关，观察电动机的运行情况和预期的要求是否一致。

6）用触摸屏设定变频器的运行频率，然后操作触摸屏的起动按钮、停止按钮、限位行程开关，观察电动机的运行情况和预期的要求是否一致。观察触摸屏显示的频率与实际频率是否一致。

4.5.7　思考与练习

简答题

1. PLC、触摸屏、变频器控制系统联机运行时，对 PC、PLC、触摸屏的 IP 地址有何要求？

2. 系统组态一般包括哪几个环节？

3. 练习按钮、指示灯、输入框、标签等控件的组态。

4. 设备组态中，必须进行通道变量的连接，其实际意义是什么？

5. 触摸屏与 PLC 之间的通信设置是如何实现的？

6. 用 PLC、触摸屏、变频器设计 3 段速调速的监控系统，并进行功能调试。

项目 4.6 变频器的日常维护与保养

【学习目标】

- 掌握变频器过电流故障的分析和排查方法。
- 掌握变频器过载故障的分析和排查方法。
- 掌握变频器过/欠电压故障的分析和排查方法。
- 掌握变频器的日常检查与定期检查的内容。

【资格认证】

- 熟练使用变频器用户手册。
- 会进行变频器故障类型的判断。
- 能排除变频器常见故障。

【项目引入】

变频器在实际运行时，由于使用方法不当或设置环境不合理，容易造成误动作，或发生短路、过电流、过电压等故障。正确识别变频器的故障类型，分析故障原因，并且在最短时间内排除故障，是安全生产的重要因素。

此外，变频器在长期使用时，经常会产生元器件老化、安装件脱落、散热异常、器件污损等问题。为了预防变频器故障的发生，延长变频器使用寿命，使其能更可靠、连续地运行，需要定期对变频器进行检查和维护。

【任务描述】

1）以恒压供水系统为例，为其制定变频器系统的保养方案。

2）对学校实训室中的变频器进行一次日常检查和定期检查维护，设计并填写维护记录单。

4.6.1 变频器的常见故障分析与处理

变频器由主电路、电源电路、IPM（智能功率模块）驱动及保护电路、冷却风扇等几部分组成，其结构多为单元化或模块化形式。由于使用方法不正确或设置环境不合理，将容易造成变频器误动作及发生故障，或者无法满足预期的运行效果。为防患于未然，事先对故障原因进行认真分析尤为重要。

1. 变频器过电流故障的分析及处理

变频调速系统的过电流故障可分为短路、轻载、重载、加减速、振荡过电流等情况，变频器出现过电流故障，分析其产生的原因时，应从两方面考虑：一是外部原因；二是变频器本身的原因。

二维码 4-24 变频器过电流分析及处理

（1）短路故障

变频调速系统的短路故障是最具危险性的故障，在处理短路故障时应注意观察和分析。变频器过电流保护动作可能在运行过程中发生，但如复位后再起动变频器时过电流保护迅速动作，由于保护动作十分迅速，就难以观察其电流的大小。如果断开负载变频器还是出现过电流故障，说明变频器内部存在故障，应首先检查逆变模块，可以断开输出侧的电流互感器和直流侧的霍尔电流检测点，复位后运行，看是否出现过电流现象，如果出现的话，很可能是 IPM 模块出现故障，因为 IPM 模块内含有过电压、过电流、欠电压、过载、过热、断相、短路等保护功能，而这些故障信号都是经 IPM 模块的输出引脚传送到微控器的，微控器接收到故障信号后，一方面封锁脉冲输出，另一方面将故障信号显示在面板上。

如果断开负载变频器运行正常，说明变频器的输出侧短路，故障原因可能是变频器输出端到电动机之间的连接电缆发生相互短路，或电动机内部发生短路、接地（电动机烧毁、绝缘层老化、电缆破损而引起的接触、接地等）。

变频器检测电路的损坏也会显示过电流报警，其中霍尔传感器受温度、湿度等环境因素的影响，工作点漂移。若在不接电动机运行的时候变频器面板有电流显示，应测试一下变频器的 3 个霍尔传感器，为了确定哪一相传感器损坏，可每拆一相传感器的时候开一次机，看是否会有过电流显示，以判断出现故障的传感器。

（2）轻载过电流

负载很轻，却又发生过电流跳闸，这是变频调速所特有的现象。在 U/f 控制模式下，这是一个十分突出的问题，是在运行过程中电动机磁路系统不稳定的原因。造成电动机磁路系统的不稳定的原因如下。

1）低频运行时，由于电压 U_x 的下降，电阻电压降所占比例增加，而反电动势 E_1 所占比例减小，比值 E/f 和磁通量也随之减少。为了能带动较重的负载，常需要进行转矩补偿（即提高 U/f，也叫转矩提升）。而当负载变化时，电阻电压降和反电动势 E_1 所占的比例、比值 E/f 和磁通量等也随之变化，导致电动机磁路的饱和程度也随着负载的轻重而变化。

2）在进行变频器的功能预置时，通常是以重载时能带动的负载作为依据来设定 U/f 值的。显然，重载时电流 I_1 和电阻电压降 ΔU_r 都大，需要的补偿量也大。但这样一来，在负载较轻，I_1 和 ΔU_r 都较小时，必将引起"过补偿"，导致磁通饱和。

磁路越饱和，励磁电流的畸变越严重，峰值也越大。尖峰值的电流变化率 di/dt 很大，但电流的有效值不一定很大。结果是往往在负载很轻的时候发生过电流跳闸。这种由电动机磁路饱和引起的过电流跳闸，主要发生在低频、轻载的情况下。

（3）重载过电流

重载过电流故障现象表现在有些生产机械在运行中负荷突然加重，甚至"卡住"，电动机的转速因负载加重而大幅下降，电流急剧增加，过载保护来不及动作，导致过电流跳闸。重载过电流的故障解决方法如下。

1）电动机遇到冲击负载或者传动机构出现"卡住"现象，引起电动机电流的突然增加时，首先要了解机械本身是否有故障，如果有故障，则处理机械部分的故障。对于负载发生突变、负载分配不均的情况，一般可延长加减速时间、减少负荷的突变、外加能耗制动元器件进行负荷分配设计来处理。

2）如果这种过载属于生产过程中经常出现的现象，则首先考虑能否加大电动机和负载之间的传动比，适当加大传动比，可减轻电动机轴上的阻转矩，避免出现"带不动"的情况。但这时，电动机在最高速的工作频率必将超过额定频率，其带负载能力也会有所减小。

因此，传动比不宜加大得过多。同时还应根据计算结果重新预置变频器的"最高频率"。若无法加大传动比，则只有考虑增大电动机和变频器的容量了。

（4）升降速中的过电流

当负载的惯性较大，而升速时间或降速时间又设得太短时，也会引起过电流。在升速过程中，变频器工作频率上升太快，电动机的同步转速迅速上升，而电动机转子的转速因负载惯性太大而跟不上去，结果造成升速电流太大而产生过电流；在降速过程中，减速时间太短，同步转速迅速下降，而电动机转子因负载的惯性大，仍维持较高的转速，这时同样可以导致转子绕组切割磁力线的速度太大而产生过电流。对于升降速过电流可采取的措施如下。

1）若是因为升速时间设得太短，首先应了解根据生产工艺要求是否允许延长升速时间，如允许，则可延长升速时间。

2）若是因为减速时间设得太短，首先应了解根据生产工艺要求是否允许延长减速时间，如允许，则可延长减速时间。

3）若是因为转矩补偿（U/f）设定太大，引起低频时空载电流过大，则可重新设定转矩补偿参数。

4）若是因为热继电器整定不当，动作电流设定得太小，引起变频器误动作，则应重新设定电子热继电器的保护值。

5）正确预置升（降）速自处理（防失速）功能。当升（降）电流超过预置的上限电流 I_{set} 时，将暂停升（降）速，待电流降至设定值 I_{set} 以下时，再继续升（降）速。如果采用了自处理功能后，因延长了升、降速时间而不能满足生产机械的要求，则应考虑适当加大传动比，以减小拖动系统的飞轮力矩，如果不能加大传动比，则只能考虑加大变频器的容量了。

（5）振荡过电流

变频调速系统振荡过电流一般只在某转速（频率）下运行时发生，主要原因：电气频率与机械频率发生共振，中间直流电路中电容电压的波动，电动机滞后电流的影响及外界干扰源的干扰等。找出发生振荡的频率范围后，可利用跳跃频率功能回避该共振频率。

2. 变频器过载故障的分析及处理

变频调速系统的电动机能够运行，但运行电流超过了额定值时，称为过载。过载的基本反应是：电流虽然超过了额定值，但是超过的幅度不大，一般也形不成较大的冲击电流。

二维码4-25 变频器过载分析及处理

（1）过载与过电流的区别

过载保护由变频器内部的电子热保护功能承担，在预置电子热保护功能时，应当准确地预置"电流取用比"，即电动机额定电流和变频器额定电流之比的百分数，即

$$I_M = (I_e/I_N) \times 100\% \tag{4-10}$$

式中　I_M——电流取用比；

　　　I_e——电动机的额定电流；

　　　I_N——变频器的额定电流。

变频器过电流和过载的区别如下。

1）保护对象不同。通用变频调速系统的过电流保护主要用于保护变频器，而过载保护

主要用于保护电动机。因为变频器的容量在选择时比电动机的容量有一定的可靠系数，在这种情况下，电动机过载时，变频器不一定过电流。

2）电流的变化率不同。过载保护发生在生产机械的工作过程中，电流的变化率 di/dt 通常较小；除了过载以外的其他过电流，常常带有突发性，电流的变化率 di/dt 往往较大。

3）过载保护具有反时限特性。过载保护主要是保护电动机防止其过热，具有类似于热继电器的"反时限"特性。即在电动机发生过载时，如果电动机过载电流值与电动机额定电流值相比超过得不多，则允许电动机运行的时间可以长一些，但如果超过得过多的话，则允许运行的时间将缩短，过载保护的反时限特性如图 4-64 所示。此外，由于在频率下降时，电动机的散热状况变差，所以，在同样过载 50% 的情况下，频率越低则允许运行的时间越短。

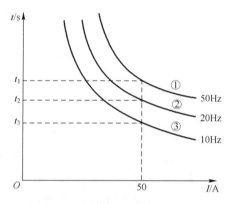

图 4-64　过载保护的反时限特性

过载也是变频调速系统发生比较频繁的故障之一，对于过载故障应首先检查是电动机过载还是变频器自身过载，由于电动机过载能力较强，只要变频器参数表中的电动机参数设置得当，一般不会出现电动机过载故障。由于变频器的过载能力较差，在运行中容易出现过载报警故障，对此可通过检查变频器输出电压和输出电流来确定。

（2）过载故障的原因分析和保护动作的检查

1）过载的主要原因。

① 机械负荷过重。负荷过重的主要特征是电动机发热，并可从显示屏上读取运行电流来发现。

② 三相电压不平衡。引起某相的运行电流过大，导致过载跳闸，其特点是电动机发热不均衡，从显示屏上读取运行电流时不一定能发现（因显示屏只显示一相电流）。

③ 误动作。变频器内部的电流检测部分发生故障，检测出的电流信号偏大，导致跳闸。

④ 变频器的电子热保护继电器的参数预置得不正确。

2）过载保护动作的检查方法。

① 检查电动机是否发热。

如果电动机的温升不高，则首先应检查变频器的电子热保护功能参数预置得是否合理，如变频器尚有余量，则应放宽电子热保护的预置值；如变频器的允许电流已经没有余量，不能放宽，且根据生产工艺，所出现的过载属于正常过载，则说明变频器的选择不当，应加大变频器的容量，更换变频器。这是因为电动机在拖动可变负载或断续负载时，只要温升不超过额定值，是允许短时间过载的，而变频器则不允许。如果电动机的温升过高，而所出现的过载属于正常过载，则说明是电动机的负荷过重。这时，首先应考虑能否适当加大传动比，以减轻电动机轴上的负荷，如能够加大，则加大传动比；如果传动比无法加大，则应加大电动机的容量。

② 检查电动机侧三相电压是否平衡。

如果电动机侧的三相电压不平衡，则应再检查变频器输出端的三相电压是否平衡，如也不平衡，则问题在变频器内部，应检查变频器的逆变模块及其驱动电路；如变频器输出端的电压平衡，则问题在从变频器到电动机之间的电路上，应检查所有接线端的螺钉是否已拧紧，如果在变频器和电动机之间有接触器或其他电器，则应检查有关电器的接线端是否拧紧，以及触头的接触状况是否良好等。

③ 检查是否误动作。

在经过以上检查，均未找到原因时，应检查是不是误动作。判断的方法是在轻载或空载的情况下，用电流表测量变频器的输出电流，与显示屏上显示的运行电流值进行比较，如果显示屏显示的电流读数比实际测量的电流大得较多，则说明变频器内部的电流测量部分误差较大，引起过载保护误动作。

3. 变频器过/欠电压故障的分析及处理

所谓变频器的过电压，是指由于各种原因造成的变频器电压超过额定电压，变频器的过电压集中表现在直流母线的直流电压上，正常情况下，变频器直流电为三相全波整流后的平均值。若以 380 V 线电压计算，则平均直流电压 $U_d = 1.35 U_{AC} = 513$ V。在过电压发生时，直流母线的储能电容将被充电，当电压上至 760 V 左右时，变频器过电压保护动作。

常见的变频器过电压有输入交流电源过电压和再生类过电压。

（1）输入交流电源过电压

电源输入侧的过电压主要是指电源输入侧的冲击过电压，如雷电引起的过电压、补偿电容在合闸或断开时形成的过电压等，主要特点是电压变化率 du/dt 和幅值都很大。例如由于雷电串入变频器的电源中，使变频器直流侧的电压检查器动作而跳闸，在这种情况下，通常只需断开变频器电源 1 min 左右，再合上电源，即可复位。

二维码 4-26　变频器过电压分析及处理

（2）再生类过电压

再生类过电压主要有三种情况：加速时过电压、减速时过电压和恒速时过电压。再生类过电压主要是指由于某种原因使电动机处于再生发电状态时，即电动机处于实际转速比变频器频率设定的同步转速高的状况，此时负载的传动系统中所存储的机械能经电动机转化成电能，通过逆变器的 6 个续流二极管回馈到变频器的中间直流电路中。此时的逆变器处于整流状态，如果变频器中没有采取消耗这些能量的措施，这些能量将会导致中间直流电路的电容器的电压上升，达到过电压限制而使保护动作。产生再生类过电压主要有以下原因。

1）当变频器拖动大惯性负载时，其减速时间设得比较小。

这种情况下，变频器的减速属于再生制动，在停止过程中，变频器的输出频率按线性下降，负载处于发电状态，机械能转化为电能，并被变频器直流侧的平波电容吸收，当这种能量足够大时，就会产生所谓的"泵升现象"，变频器直流侧的电压会超过直流母线的最大允许电压而使过电压保护动作。

对于这种故障，如果工艺允许的话可将减速时间参数设置得长些，或将变频器的停止方式设置为自由停车，如果工艺条件不允许，则应在系统中按负载特性增加制动单元，对已设置制动单元的系统可以增大制动电阻的能耗容量。

2）电动机受到外力影响（风扇、牵伸机），或拖动的是位能负载（电梯、起重机），当位能负载下降时下放的速度过快，使电动机的实际转速高于变频器的给定指令转速时，也就是说，电动机转子转速超过了同步转速时，电动机的转差率为负数，转子绕组切割旋转磁场的方向与电动机电动状态时的方向相反，其产生的电磁转矩为阻碍旋转方向的制动转矩。所以电动机实际上处于发电状态，负载的动能"再生"成为电能。

处理这种过电压故障时可在系统中按负载特性增加制动单元，对已设置制动单元的系统可增大制动电阻的吸收容量，或者修改变频器参数，把变频器减速时间设得长一些。

3）多个电动机拖动同一个负载时出现的再生类过电压故障，主要是由于负荷匹配不佳引起的。以两台电动机拖动一个负载为例，当一台电动机的实际转速大于另一台电动机的同步转速时，转速高的电动机相当于原动机，转速低的电动机处于发电状态，而引起再生类过电压故障。处理此类故障时需在传动系统增加负荷分配控制装置。可以把处于传动速度链分支的变频器特性调节得"软"一些。

（3）变频器过电压的危害

变频器过电压的危害主要有以下几点。

1）变频器过电压主要是指其中间直流电路过电压，其主要危害在于引起电动机磁路饱和。对于电动机来说，电压过高必然使得电动机铁心磁通增加，可能导致磁路饱和，励磁电流过大，从而引起电动机温升过高。

2）损坏电动机绝缘。中间直流电路电压升高后，变频器输出电压的脉冲幅度过大，对电动机绝缘寿命有很大的影响。

3）对中间直流电路滤波电容器寿命有直接影响，严重时会引起电容器爆裂。变频器一般将中间直流电路过电压值限定在一定的允许范围内，一旦其电压超过限定值，变频器将按限定要求跳闸保护。

变频器在调试与使用过程中经常会遇到各种各样的问题，其中过电压现象最为常见。过电压产生后，变频器为了防止内部电路损坏，其过电压保护将动作，使变频器停止运行，导致设备无法正常工作。因此必须采取措施除去过电压，防止故障的产生。由于变频器与电动机的应用场合不同，产生过电压的原因也不相同，所以应根据具体情况采取相应的对策。

（4）过电压的防止措施

在处理过电压时，首先要排除由于参数问题而导致的故障。例如，减速时间过短，以及由于再生类负载而导致的过电压等，然后可以检测输入侧电压是否有问题，最后可检查电压检测电路是否出现了故障，一般的电压检测电路的电压采样点采集到的都是中间直流电路的电压。

对于过电压故障的处理，关键是中间直流电路中多余能量如何及时处理，如何避免或减少多余能量向中间直流电路馈送，使其过电压的程度限定在允许的范围之内。应采取的主要对策如下。

1）在电源输入侧增加吸收装置，减少过电压因素。对于电源输入侧有冲击过电压、雷电引起的过电压、补偿电容在合闸或断开时形成的过电压，可以采用在输入侧并联浪涌吸收装置或串联电抗器等方法加以解决。

2）从变频器已设定的参数中寻找解决方法，如在工艺流程中不限定负载减速时间，变频器减速时间参数的设定不要太短，避免负载动能释放得太快，该参数的设定要以不引起中间直流电路过电压为限。

3）采用增加制动单元和制动电阻的方法。一般不小于7.5kW的变频器在出厂时内部中间直流电路均装有制动单元和制动电阻，大于7.5kW的变频器需根据实际情况外加制动单元和制动电阻，为中间直流电路多余能量释放提供通道，这是一种常用的消耗能量的方法。

4）在输入侧增加逆变电路。这是处理中间直流电路能量最好的方法，可将多余的能量回馈给电网，但电子逆变桥技术要求复杂，在实际中就限制了它的应用。

5）采用在中间直流电路上增加适当电容的方法，中间直流电路电容对稳定电压、提高电路承受过电压的能力起着非常重要的作用。适当增加电路的电容量或及时更换运行时间过长且容量下降的电容是解决变频器过电压的有效方法。

6）适当降低工频电源电压。

7）多台变频器共用母线的方法。因为任一台变频器从直流母线上取用的电流一般均大于同时间从外部馈入的多余电流，这样就可以基本上保持共用直流母线的电压。

（5）欠电压故障

欠电压故障也是变频调速系统使用中经常碰到的故障，电源电压降低后，主电路直流电压若降到欠电压检测值以上，欠电压保护动作。另外，电压若降到不能维持变频器控制电路的电压，则全部保护功能自动复位。当出现欠电压故障时，首先应该检查输入电源是否断相，假如输入电源没有问题，就要检查整流电路是否有问题，假如都没有问题，再检查是否是直流检测电路上出问题了。如果主电路电压太低，主要原因是整流模块某一路损坏或晶闸管三相电路中有一相工作不正常，都有可能导致欠电压故障的出现，其次主电路中断路器、接触器的损坏，都可导致欠电压故障。

4.6.2 变频器的日常维护与保养

变频器在实际应用中，变频器受周围的环境、湿度、振动、粉尘、腐蚀性气体等环境条件的影响，其性能会有一些变化。如使用合理、维护得当，则能延长使用寿命，并减少因突然故障造成的生产损失。因此，变频器的日常维护和定期检查是必不可少的。

变频器的维护保养的内容主要包括以下几点。

1. 日常检查

对于连续运行的变频器，可以从外部目视检查运行状态。定期对变频器进行巡视检查，观察变频器运行时是否有异常现象。通常应做如下检查。

1）环境温度是否正常，要求在-10~+40℃范围内，以25℃左右为宜。

2）变频器在显示面板上显示的输出电流、电压、频率等各种数据是否正常。

3）显示面板上显示的字符是否清楚，是否缺少字符。

4）用测温仪器检测变频器是否过热，检查变频器是否有异味。

5）变频器风扇运转是否正常，散热风道是否通畅。

二维码4-27　变频器的日常检查

6）变频器运行中是否有故障报警显示。

7）检查变频器交流输入电压是否超过最大值。如果主电路外加输入电压超过极限值，即使变频器没运行，也会对变频器电路板造成损坏。

2. 定期检查

利用每年一次的大修时间，将重点放在变频器日常运行时无法检查的部位。

二维码 4-28　变频器的定期检查

1）做定期检查时，操作前必须切断电源，变频器停电后待操作面板电源指示灯熄灭后，等待 4 min（变频器的容量越大，等待时间越长，最长为 15 min）使得主电路直流滤波电容器充分放电，用万用表确认电容器放电完后，再进行操作。

2）将变频器控制板、主板拆下，用毛刷、吸尘器清扫变频器电路板及内部 IGBT 模块、输入/输出电抗器等部位。电路板脏污的地方，应用棉布沾上酒精或中性化学剂擦除。

3）检查变频器内部导线绝缘层是否有腐蚀过热的痕迹及变色或破损等，如发现应及时进行处理或更换。

4）变频器由于振动、温度变化等影响，螺丝等紧固部件往往容易松动，应将所有螺丝全部紧固一遍。

5）检查输入/输出电抗器、变压器等是否过热，是否有烧焦变色或有异味。

6）检查中间直流电路中滤波电解电容器小凸肩（安全阀）是否胀出，外表面是否有裂纹、漏液、膨胀等。一般情况下滤波电容器使用周期大约为 5 年，检查周期最长为一年，接近寿命时，检查周期最好为半年。电容器的容量可用数字电容表测量，当容量下降到额定容量的 80% 以下时，应予更换。

7）检查冷却风扇运行是否完好，如有问题则应进行更换。冷却风扇的寿命受限于轴承，根据变频器运行情况需要 2~3 年更换一次风扇或轴承。检查时如发现异常声音、异常振动，同样需要更换。

8）检查变频器绝缘电阻是否在正常范围内（所有端子与接地端子），注意不能用兆欧表（绝缘电阻表）对电路板进行测量，否则会损坏电路板的电子元器件。

9）将变频器的 R、S、T 端子与电源端电缆断开，U、V、W 端子与电动机端电缆断开，用兆欧表测量电缆每相导线之间以及每相导线与保护接地之间的绝缘电阻是否符合要求，正常时应大于 1 MΩ。

10）变频器在检修完毕投入运行前，应带电动机空载试运行几分钟，并校对电动机的旋转方向。

3. 配件更换

变频器中不同种类零部件的使用寿命不同，并随其安置的环境和使用条件而改变，建议部件在其损坏之前更换。

1）冷却风扇使用 3 年应更换。

2）直流滤波电容器使用 5 年应更换。

3）电路板上的电解电容器使用 7 年应更换。

4）其他零部件根据情况适时进行更换。

4.6.3 思考与练习

简答题

1. 对比变频器过电流故障类型、说明各种故障现象原因及其排查处理方法，完成表 4-20。

表 4-20 变频器过电流故障类型对比

过电流故障类型	故障现象及原因	排查处理方法
短路过电流		
轻载过电流		
重载过电流		
升降速中的过电流		
振荡过电流		

2. 说明变频器过电流和过载的区别。

3. 说明变频器过载保护动作的原因及其排查方法。

4. 说明常见的变频器过电压类型、产生的原因及其处理方法。

5. 变频器日常检查与定期检查的主要内容是什么？

附　　录

附录 A　S7-200 在本书的使用

本书以 S7-200 SMART PLC 为例进行编写，若采用 S7-200 PLC 进行教学，项目内容基本是一致的。采用 S7-200 SMART PLC 和 S7-200 PLC 对变频器数字量信号进行控制时，不论从接线方法还是程序设计都是类似。不同之处是两者的扩展模拟量单元模块使用方法有明显的区别，前者模拟量模块可采用 EM AM06 单元，后者可采用 EM235 单元。下面说明一下 S7-200 SMART PLC 和 S7-200 PLC 在本书项目中使用的不同。

1. 程序下载的区别

S7-200 SMART PLC 的 CPU 模块的硬件具有以太网通信端口和 RS-485 通信端口，STEP 7-Micro/WIN SMART 编程软件的程序可以通过以太网通信方式下载到 CPU 中，也可以通过 RS-485 通信方式下载到 CPU，程序下载的通信方式如图 A-1 所示。

S7-200 PLC 的 CPU 模块的硬件只具有 RS-485 通信端口，V4.0 STEP 7 MicroWIN 编程软件的程序通过 RS-485 通信方式下载到 CPU 中，S7-200 PLC 也可以通过以太网通信方式下载程序，但需要通信扩展模块 CPU243，程序下载的通信方式如图 A-2 所示。

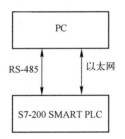

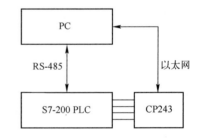

图 A-1　S7-200 SMART PLC 程序下载通信方式　　　图 A-2　S7-200 PLC 程序下载通信方式

2. 模拟量模块使用的区别

S7-200 SMART PLC 模拟量模块 EM AM06 和 S7-200 PLC 模拟量模块 EM235 在使用时有如下不同。

（1）输入/输出信号

S7-200 SMART PLC 模拟量模块中，输入/输出信号是电流还是电压，以及接收电流或电压的大小范围，是不需要对模拟量扩展模块 EM AM06 的硬件进行设置来实现的，只需通过编程软件进行组态配置。

S7-200 PLC 模拟量模块中，输入/输出信号是电流还是电压，以及接收电流或电压的大小范围，是通过对模拟量扩展模块 EM235 硬件上的拨动开关进行设置的。

（2）输入/输出寄存器地址

S7-200 SMART PLC 的模拟量模块，编程软件用系统块进行组态配置时，会自动分配模拟量模块通道 0 对应的输入/输出寄存器地址，而且同一模拟量模块放置在不同扩展槽位，输入/输出寄存器起始地址（通道 0 对应的地址）会有所不同，地址用户不需要记忆，系统块进行对应配置时，输入/输出寄存器起始地址会自动生成，可以直接读取。

而 S7-200 PLC 同一模拟量模块放置在不同扩展槽位时，输入/输出寄存器起始地址不变，都是从 AIW0/AQW0 开始。

本书中涉及的 PLC 模拟量扩展模块的应用有"项目 4.2 工频与变频切换系统""项目 4.5 PLC、触摸屏、变频器控制的自动送料系统"。下面给出 S7-200 PLC 进行教学时，项目 4.2、项目 4.5 的硬件电路，分别如图 A-3、A-4 所示。

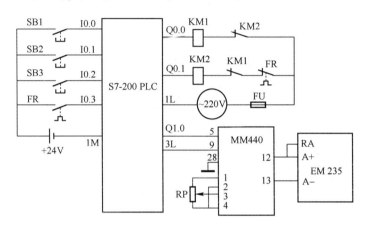

图 A-3　变频与工频切换控制电路（S7-200 PLC）

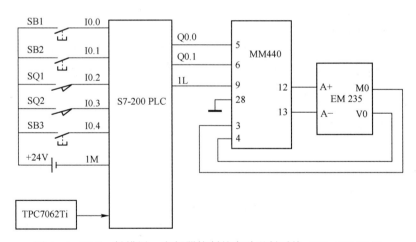

图 A-4　PLC、触摸屏、变频器控制的自动送料系统（S7-200 PLC）

附录 B　变频器的参数与故障信息

变频器运行前必须进行参数的预置，如果不预置参数，则变频器参数按出厂时的设定值选取。

B.1　MM440 型变频器参数简介

变频器的参数只能用基本操作面板（BOP）、高级操作面板（AOP）或者通过串行通信接口进行修改。MM440 型通用变频器有关参数结构总览示意图如图 B-1 所示。

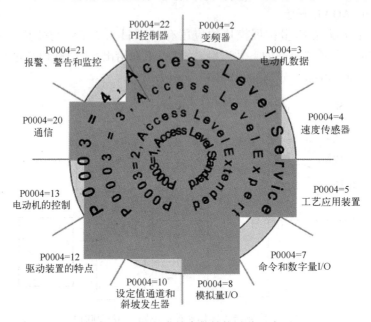

图 B-1　MM440 有关参数结构总览示意图

这是一个示意图，P0003 是访问级别参数，P0003＝1 是标准级，在最内环时对用户显示的参数最少，P0003＝2 是扩展级，对用户显示的参数要比标准级多，P0003＝3 是专家级，对用户显示的参数要比扩展级多，P0003＝4 是维修级，显示的参数最多。

P0004 筛选参数，用于快速查找相应类别的参数。

B.2　MM440 型变频器的主要参数

1. 常用的参数

常用的参数见表 B-1。

表 B-1　常用的参数

参　数　号	参　数　名　称	默　认　值	用户访问等级
r0000	驱动装置只读参数的显示值	—	2
P0003	用户访问等级	1	1
P0004	参数过滤器	0	1
P0010	调试用的参数过滤器	0	1

2. 快速调试参数

快速调试参数见表 B-2。

表 B-2 快速调试参数

参 数 号	参 数 名 称	默 认 值	用户访问等级
P0100	适用于欧洲/北美地区	0	1
P3900	快速调试结束	0	1

3. 复位参数

复位参数见表 B-3。

表 B-3 复位参数

参 数 号	参 数 名 称	默 认 值	用户访问等级
P0970	复位为工厂设置值	0	1

4. 变频器的参数（P0004＝2 时）

变频器的参数（P0004＝2 时）见表 B-4。

表 B-4 变频器的参数（P0004＝2 时）

参 数 号	参 数 名 称	默 认 值	用户访问等级
r0018	硬件的版本	—	1
r0026	CO：直流回路电压实际值	—	2
r0037	CO：变频器温度	—	3
r0039	CO：能量消耗计算表	—	2
r0040	对能量消耗计量表清零	0	2
r0200	功率组合件的实际标号	—	3
P0200	功率组合件标号	0	3
r0203	变频器的实际标号	—	3
r0204	功率组合件的特征	—	3
r0206	变频器的额定功率	—	2
r0207	变频器的额定电流	—	2
r0208	变频器的额定电压	—	2
P0210	电源电压	230	3
r0231	电缆的最大长度	—	3
P0290	变频器的过载保护	2	3
P0292	变频器的过载报警信号	15	3
P1800	脉宽调制频率	4	2
r1801	CO：脉宽调制的开关频率实际值	—	3
P1802	调制方式	0	3
P1820	输出相序反向	0	2

5. 电动机数据（P0004＝3 时）

电动机数据（P0004＝3 时）见表 B-5。

表 B-5 电动机数据 (P0004=3 时)

参 数 号	参 数 名 称	默 认 值	用户访问级
r0035	CO：电动机温度实际值	—	2
P0300	选择电动机类型	1	2
P0304	电动机额定电压	230	1
P0305	电动机额定电流	3.25	1
P0307	电动机额定功率	0.75	1
P0308	电动机额定功率因数	0.000	2
P0309	电动机额定效率	0.0	2
P0310	电动机额定频率	50.00	1
P0311	电动机额定速度	0	1
r0313	电动机的极对数	—	3
P0320	电动机的磁化电流	0.0	3
r0330	电动机的额定转差	—	3
r0331	电动机的额定磁化电流	—	3
r0332	电动机的额定功率因数	—	3
P0335	电动机的冷却方式	0	2
P0340	电动机的参数计算	0	2
P0344	电动机的重量	9.4	3
P0347	磁化时间	1.000	3
P0350	退磁时间	1.000	3
r0384	定子电阻（线间）	4.0	2
r0395	转子时间常数	—	3
P0610	CO：转子总电阻（%）	—	3
P0611	电动机 I^2t 温度保护	2	3
P0614	电动机 I^2t 时间常数	100	2
P0640	电动机 I^2t 过载报警的电平	100.0	2
P1910	电动机过载因子（%）	150.0	2
r1912	选择电动机数据是否自动测定	0	2
P0344	自动测定的定子电阻	—	2

注：1. BI 就是二进制互联输入，即参数可以选择和定义输入的二进制信号，通常与"P 参数"相对应。
2. BO 就是二进制互联输出，即参数可以选择输出的二进制信号，或作为用户定义的二进制信号，通常与"r 参数"相对应。
3. CI 就是内部互联输入，即参数可以选择和定义输入量的信号，通常与"P 参数"相对应。
4. CO 就是内部互联输出，即参数可以选择输出量的信号，或作为用户定义的信号输出，通常与"r 参数"相对应。

6. 命令和数字量 I/O 参数（P0004＝7 时）

命令和数字量 I/O 参数（P0004＝7 时）见表 B-6。

表 B-6　命令和数字 I/O 参数（P0004＝7 时）

参 数 号	参 数 名 称	默 认 值	用户访问级
r0002	驱动装置的状态	—	2
r0019	CO/BO：BOP 控制字	—	3
r0052	CO/BO：激活的状态字 1	—	2
r0053	CO/BO：激活的状态字 2	—	2
r0054	CO/BO：激活的控制字 1	—	3
r0055	CO/BO：激活的辅助控制字	—	3
P0700	选择命令源	2	1
P0701	选择数字量输入 1 的功能	1	2
P0702	选择数字量输入 2 的功能	12	2
P0703	选择数字量输入 3 的功能	9	2
P0704	选择数字量输入 4 的功能	0	2
P0719	选择命令和频率设定值	0	3
r0720	数字量输入的数目	—	3
r0722	CO/BO：各个数字量输入的状态	—	2
P0724	数字量输入的防颤动时间	3	3
P0725	选择数字量输入的 PNP/NPN 接线方式	1	3
r0730	数字量输出的数目	—	3
P0731	BI：选择数字量输出 1 的功能	52:3	2
r0747	CO/BO：各个数字量输入的状态	—	3
P0748	数字量输出反向	0	3
P0800	BI：下载参数 0	0:0	3
P0801	BI：下载参数 1	0:0	3
P0840	BI：ON/OFF1	722.0	3
P0842	BI：ON/OFF1，反方向	0:0	3
P0844	BI：1. ON/OFF2	1:0	3
P0845	BI：2. ON/OFF2	19:1	3
P0848	BI：1. ON/OFF3	1:0	3
P0849	BI：2. ON/OFF3	1:0	3
P0852	BI：脉冲使能	1:0	3
P1020	BI：固定频率选择，位 0	0:0	3
P1021	BI：固定频率选择，位 1	0:0	3
P1022	BI：固定频率选择，位 2	0:0	3
P1035	BI：使能 MOP（升速命令）	19:13	3

参 数 号	参 数 名 称	默 认 值	用户访问级
P1036	BI：使能 MOP（减速命令）	19：14	3
P1055	BI：使能正向点动	0.0	3
P1056	BI：使能反向点动	0.0	3
P1074	BI：禁止使用辅助设定值	0.0	3
P1110	BI：禁止使用负向的频率设定值	0.0	3
P1113	BI：反向	722.1	3
P1124	BI：使能点动斜坡时间	0.0	3
P1230	BI：使能直流注入制动	0.0	3
P2103	BI：故障确认 1	722.2	3
P2104	BI：故障确认 2	0.0	3
P2106	BI：外部故障	1.0	3
P2220	BI：固定 PID 设定值选择，为 0	0.0	3
P2221	BI：固定 PID 设定值选择，为 1	0.0	3
P2222	BI：固定 PID 设定值选择，为 2	0.0	3
P2235	BI：使能 PID-MOP（升速命令）	19.13	3
P2236	BI：使能 PID-MOP（减速命令）	19.15	3

7. 模拟量 I/O 参数 （P0004＝8 时）

模拟量 I/O 参数 （P0004＝8 时） 见表 B-7。

表 B-7 模拟量 I/O 参数 （P0004＝8 时）

参 数 号	参 数 名 称	默 认 值	用户访问级
r0750	ADC（模/数转换输入）的数目	—	3
r0752	ADC 的实际输入（V 或 mA）	—	2
r0753	ADC 的平滑时间	3	3
r0754	标定后的 ADC 实际值（%）	—	2
r0755	CO：标定后的 ADC 实际值（4000 h）	—	2
P0756	ADC 的类型	0	2
P0757	ADC 输入特性标定的 x_1 值（V/mA）	0	2
P0758	ADC 输入特性标定的 y_1 值	0.0	2
P0759	ADC 输入特性标定的 x_2 值（V/mA）	10	2
P0760	ADC 输入特性标定的 y_2 值	100.0	2
P0761	ADC 死区的宽度（V/mA）	0	2
P0762	信号消失的延迟时间	10	3
r0770	DAC（模/数转换输入）的数目	—	3
P0771	CI：DAC 输出功能选择	21：0	2

参 数 号	参 数 名 称	默 认 值	用户访问级
P0773	DAC 的平滑时间	2	2
r0774	实际的 DAC 输出（V 或 mA）	—	2
P0776	DAC 的型号	0	2
P0777	DAC 输入特性标定的 x_1 值	0.0	2
P0778	DAC 输入特性标定的 y_1 值	0	2
P0779	DAC 输入特性标定的 x_2 值	100.0	2
P0780	DAC 输入特性标定的 y_2 值	20	2
P0781	DAC 死区的宽度	0	2

8. 设定值通道和斜坡函数发生器参数（P0004＝18 时）

设定值通道和斜坡函数发生器参数（P0004＝18 时）见表 B-8。

表 B-8　设定通道值和斜坡函数发生器参数（P0004＝18 时）

参 数 号	参 数 名 称	默 认 值	用户访问级
P1000	选择频率设定值	2	1
P1001	固定频率 1	0.00	2
P1002	固定频率 2	5.00	2
P1003	固定频率 3	10.00	2
P1004	固定频率 4	15.00	2
P1005	固定频率 5	20.00	2
P1006	固定频率 6	25.00	2
P1007	固定频率 7	30.00	2
P1016	固定频率方式，位 0	1	3
P1017	固定频率方式，位 1	1	3
P1018	固定频率方式，位 2	1	—
P1019	固定频率方式，位 3	1	3
r1024	CO：固定频率的设定值	—	3
P1031	存储 MOP（电动电位计）设定值	0	2
P1032	禁止使用反转的 MOP 设定值	1	2
P1040	MOP 设定值	5.00	2
r1050	CO：MOP 的实际输出频率	—	3
P1058	正向点动频率	5.00	2
P1059	反向点动频率	5.00	2
P1060	点动的斜坡上升时间	10.00	2
P1061	点动的斜坡下降时间	10.00	2
P1070	CI：主设定值	755.0	3

参 数 号	参 数 名 称	默 认 值	用户访问级
P1071	CI：标定的主设定值	1.0	3
P1075	CI：辅助设定值	0.0	3
P1076	CI：标定的辅助设定值	1.0	3
r1078	CO：总的频率设定值	—	3
r1079	CO：选定的频率设定值	—	3
P1080	最小频率	0.00	1
P1082	最大频率	50.00	1
P1091	跳转频率 1	0.0	3
P1092	跳转频率 2	0.00	3
P1093	跳转频率 3	0.00	3
P1094	跳转频率 4	0.00	3
P1101	跳转频率的宽度	2.00	3
r1114	CO：方向控制后的频率设定值	—	3
r1119	CO：未经斜坡函数发生器的频率设定值	—	3
P1120	斜坡上升时间	10.00	1
P1121	斜坡下降时间	10.00	1
P1130	斜坡上升起始段圆弧时间	0.00	2
P1131	斜坡上升结束段圆弧时间	0.00	2
P1132	斜坡下降起始段圆弧时间	0.00	2
P1133	斜坡下降结束段圆弧时间	0.00	2
P1134	平滑圆弧的类型	0	2
P1135	off3 斜坡下降时间	5.00	2
r1170	CO：通过斜坡函数发生器的频率设定值	—	3

9. 驱动装置的参数 （P0004＝12 时）

驱动装置的参数（P0004＝12 时）见表 B-9。

表 B-9　驱动装置的参数 （P0004＝12 时）

参 数 号	参 数 名 称	默 认 值	用户访问级
P0005	选择需要显示的参数	21	2
P0006	显示方法	2	3
P0007	背板亮光延迟时间	0	3
P0011	锁定用户定义的参数	0	3
P0012	用户定义参数解锁	0	3
P0013	用户定义的参数	0	3
P1200	捕捉再起动	0	2
P1202	电动机电流（捕捉方式再起动）	100	3

参 数 号	参 数 名 称	默 认 值	用户访问级
P1203	搜寻速率（捕捉方式再起动）	100	3
P1210	自动方式再起动	1	2
P1211	自动方式再起动重试次数	3	3
P1215	使能制动	0	2
P1216	释放制动延时时间	1.0	2
P1217	斜坡下降后的制动时间	1.0	2
P1232	直流注入制动的电流	100	2
P1233	直流注入制动的持续时间	0	2
P1236	复合制动电流	0	2
P1237	动力制动	0	2
P1240	直流电压控制器的组态	1	3
r1242	CO：最大直流电压控制器的接通电平	—	3
P1243	最大直流电压控制器的动态因子	100	3
P1253	直流电压控制器的输出限幅	10	3
P1254	直流电压控制器接通电平的自动检测	1	3

10. 电动机的控制参数（P0004＝13时）

电动机的控制参数（P0004＝13时）见表 B-10。

表 B-10　电动机的控制参数（P0004＝13时）

参 数 号	参 数 名 称	默 认 值	用户访问级
r0020	CO：实际的频率设定值	—	3
r0021	CO：实际频率	—	2
r0022	转子实际速度	3	3
r0024	CO：实际输出频率	—	3
r0025	CO：实际输出电压	—	2
r0027	CO：实际输出电流	—	2
r0034	电动机的温度用 I^2t（温度模型计算得出）	—	2
r0056	CO/BO：电动机的控制状态	—	3
r0067	CO：实际输出电流限值	—	3
r0071	CO：最大输出电压	—	3
r0086	CO：实际的有效电流	—	3
P1300	控制方式	0	2
P1310	连续提升	50.0	2
P1311	加速提升	0.0	2
P1312	起动提升	0.0	2
P1316	提升结束的频率	20.0	3

参 数 号	参 数 名 称	默 认 值	用户访问级
P1320	可编程的 U/f 特性的频率坐标 1	0.00	3
P1321	可编程的 U/f 特性的电压坐标 1	0.0	3
P1322	可编程的 U/f 特性的频率坐标 2	0.00	3
P1323	可编程的 U/f 特性的电压坐标 2	0.0	3
P1324	可编程的 U/f 特性的频率坐标 3	0.00	3
P1325	可编程的 U/f 特性的电压坐标 3	0.0	3
P1333	FCC（磁通电流控制）的起动频率	10.0	3
P1335	转差补偿	0.0	2
P1336	转差极限	250	2
r1337	CO：U/f 特性的转差频率	—	3
P1338	U/f 特性谐振阻尼的增益系数	0.00	3
P1340	最大电流（I_{MAX}）控制器的比例增益系数	0.000	3
P1341	最大电流（I_{MAX}）控制器的积分时间	0.300	3
r1343	CO：最大电流（I_{MAX}）控制器的输出频率	—	3
r1344	CO：最大电流（I_{MAX}）控制器的输出电压	—	3
P1350	电压软起动	0	3

11. 通信参数（P0004 = 20 时）

通信参数（P0004 = 20 时）见表 B-11。

表 B-11　通信参数（P0004 = 20 时）

参 数 号	参 数 名 称	默 认 值	用户访问级
P0918	CB（通信板）地址	3	2
P0927	修改参数的途径	15	2
r0964	微程序（软件）版本数据	—	3
r0967	控制字 1	—	3
r0968	状态字 1	—	3
P0971	从 RAM 到 EEPROM 传输数据	0	3
P2000	基准频率	50.00	3
P2001	基准电压	1000	3
P2002	基准电流	0.10	3
P2009	USS 规格化	0	3
P2010	USS 波特率	6	2
P2011	USS 地址	0	2
P2012	USS PZD 的长度	2	3
P2013	USS PKW 的长度	127	3

参 数 号	参 数 名 称	默 认 值	用户访问级
P2014	USS 停止发报时间	0	3
r2015	CO：从 BOP 链接 PZD（USS）	—	3
P2016	CI：从 PZD 到 BOP 链接（USS）	52：0	3
r2018	CO：从 COM 链接 PZD（USS）	—	3
P2019	CI：从 PZD 到 COM 链接（USS）	—	3
r2024	USS 报文无错误	—	3
r2025	USS 拒绝报文	—	3
r2026	USS 字符帧错误	—	3
r2027	USS 超时错误	—	3
r2028	USS 奇偶错误	—	3
r2029	USS 不能识别起始点	—	3
r2030	USS BCC 错误	—	3
r2031	USS 长度错误	—	3
r2032	BO：从 BOP 链接控制字 1（USS）	—	3
r2033	BO：从 BOP 链接控制字 2（USS）	—	3
r2036	BO：COM 链接控制字 1（USS）	—	3
r2037	BO：COM 链接控制字 2（USS）	—	3
P2040	CB 报文停止时间	20	3
P2041	CB 参数	0	3
r2050	CO：从 CB-PZD	—	3
P2051	CI：从 PZD-CB	52：0	3
r2053	CB 识别	—	3
r2054	CB 诊断	—	3
r2090	BO：CB 发出的控制字 1	—	3
r2091	BO：CB 发出的控制字 1	—	3

12. 报警、警告和监控参数（P0004＝21 时）

报警、警告和监控参数（P0004＝21 时）见表 2-12。

表 B-12　报警、警告和监控参数（P0004＝21 时）

参 数 号	参 数 名 称	默 认 值	用户访问级
r0947	最新的故障码	—	2
r0948	故障时间	—	3
r0949	故障数值	—	3
P0952	故障的总数	0	3
P2100	选择报警号	0	3
P2101	停车的反冲值	0	3

参 数 号	参 数 名 称	默 认 值	用户访问级
r2110	警告信息号	—	2
P2111	警告信息的总数	0	3
r2114	运行时间计数器	—	3
P2115	AOP（高级操作板）实时时钟	0	3
P2150	回线频率 f_hys	3.00	3
P2155	门限频率 f_1	30.00	3
P2156	门限频率 f_1 的延迟时间	10	3
P2164	回线频率差	3.00	3
P2167	关断频率 f_off	1.00	3
P2168	延迟时间 T_off	10	3
P2170	门限电流 I_thresh	100.0	3
P2171	电流延迟时间	10	3
P2172	直流回路电压门限值	800	3
P2173	直流回路电压延迟时间	10	3
P2179	判定无负载的电流限制	3.0	3
P2180	判定无负载的延迟时间	20.10	3
r2197	CO/BO：监控字 1	—	2

13. PI 控制器参数（P0004＝22 时）

PI 控制器参数（P0004＝22 时）见表 B-13。

表 B-13　PI 控制器参数（P0004＝22 时）

参 数 号	参 数 名 称	默 认 值	用户访问级
P2200	BI：使能 PID 控制器	0:0	2
P2201	固定的 PID 设定值 1	0.00	2
P2202	固定的 PID 设定值 2	10.00	2
P2203	固定的 PID 设定值 3	20.00	2
P2204	固定的 PID 设定值 4	30.00	2
P2205	固定的 PID 设定值 5	40.00	2
P2206	固定的 PID 设定值 6	50.00	2
P2207	固定的 PID 设定值 7	60.00	2
P2216	固定的 PID 设定值方式，位 0	1	3
P2217	固定的 PID 设定值方式，位 1	1	3
P2218	固定的 PID 设定值方式，位 2	1	3
r2224	CO：实际的固定 PID 设定值	—	2
P2231	PID-MOP 的设定值存储	0	2
P2232	禁止使用 PID-MOP 的反向设定值	1	2

参 数 号	参 数 名 称	默 认 值	用户访问级
P2240	PID-MOP 的设定值	10.00	2
r2250	CO：PID-MOP 的设定值输出	—	2
P2251	PID 方式	0	3
P2253	CI：PID 设定值	0：0	2
P2254	CI：PID 微调信号源	0：0	3
P2255	PID 设定值的增益因子	100.00	3
P2256	PID 微调的增益因子	100.00	3
P2257	PID 设定值的斜坡上升时间	1.00	2
P2258	PID 设定值的斜坡下降时间	1.00	2
r2260	CO：实际的 PID 设定值	—	2
P2261	PID 设定值滤波器的时间常数	0.00	3
r2262	CO：PID 经滤波的 PID 设定值	—	3
P2264	CI：PID 反馈	755：0	2
P2265	PID 反馈信号滤波器的时间常数	0.00	2
r2266	CO：PID 经滤波的反馈	—	2
P2267	PID 反馈的最大值	100.00	3
P2268	PID 反馈的最小值	0.00	3
P2269	PID 增益系数	100.00	3
P2270	PID 反馈的功能选择器	0	3
P2271	PID 变送器的类型	0	2
r2272	CO：已标定的 PID 反馈信息	—	2
r2273	CO：PID 错误	—	2
P2280	PID 的比例增益系数	3.000	2
P2285	PID 的积分时间	0.000	2
P2291	PID 的输出上限	100.00	2
P2292	PID 的输出下限	0.00	2
P2293	PID 设定值的斜坡上升/下降时间	1.00	3
r2294	CO：实际的 PID 输出	—	2

14. 其他参数

MM440 的"命令和数字量 I/O 参数（P0004＝7 时）"及"设定值通道和斜坡函数发生器参数（P0004＝10 时）"增加的其他参数见表 B-14。

表 B-14 增加的其他参数（P0004＝7 和 P0004＝10 时）

参 数 号	参 数 名 称	默 认 值	用户访问级
P0705	选择数字量输入 5 的功能	15	2
P0706	选择数字量输入 6 的功能	15	2

参 数 号	参数名称	默 认 值	用户访问级
P0707	选择数字量输入 7 的功能	0	2
P0708	选择数字量输入 8 的功能	0	2
P1008	固定频率 8	35.00	2
P1009	固定频率 9	40.00	2
P1010	固定频率 10	45.00	2
P1011	固定频率 11	50.00	2
P1012	固定频率 12	55.00	2
P1013	固定频率 13	60.00	2
P1014	固定频率 14	65.00	2
P1015	固定频率 15	65.00	2

B. 3 故障信息

发生故障时，变频器跳闸，并在显示屏上出现一个故障代码，故障信息见表 B-15。

表 B-15 故障信息

故 障	引起故障可能的原因	故障诊断和应采取的措施	反应
F0001 过电流	电动机的功率（P0307）与变频器的功率（P0206）不对应 电动机电缆太长 电动机的导线短路 有接地故障	检查以下各项： 1. 电动机的功率（P0307）必须与变频器的功率（P0206）相对应 2. 电缆的长度不得超过允许的最大值 3. 电动机的电缆和电动机内部不得有短路或接地故障 4. 输入变频器的电动机参数必须与实际使用的电动参数相对应 5. 输入变频器的定子电阻值（P0350）必须正确无误 6. 电动机的冷却风道必须通畅，电动机不得过载	Off2
F0002 过电压	禁止使用直流回路电压控制器（P1240） 直流回路的电压（r0026）超过了跳闸电平（P2172） 由于供电电源电压过高，或者电动机处于再生类制动方式下引起过电压 斜坡下降过快，或者电动机由大惯量负载带动旋转而处于再生类制动状态下	检查以下各项： 1. 电源电压（P0210）必须在变频器铭牌规定的范围以内 2. 直流回路电压控制器必须有效（P1240），而且正确地进行了参数化 3. 斜坡下降时间（P1121）必须与负载的惯量相匹配 4. 要求的制动功率必须在规定的限定值以内 注意： 负载的惯量越大需要的斜坡时间越长；外形尺寸为 FX 和 GX 的变频器应接入制动电阻	Off2

故　障	引起故障可能的原因	故障诊断和应采取的措施	反应
F0003 欠电压	供电电源故障 冲击负载超过了规定的限定值	检查以下各项： 1. 电源电压（P0210）必须在变频器铭牌规定的范围内 2. 检查电源是否短时掉电或有瞬时的电压降低使能动态缓冲（P1240＝2）	Off2
F0004 变频器过温	冷却风量不足 环境温度过高	检查以下各项： 1. 负载的情况必须与工作/停止间隙周期相适应 2. 变频器运行时冷却风机必须正常运转 3. 调制脉冲的频率必须设定为默认值 4. 环境温度可能高于变频器的允许值 故障值： P0949＝1，为整流器过温 P0949＝2，为运行环境过温 P0949＝3，为电子控制箱过温	Off2
F0005 变频器（I^2t 模型） 过热保护	变频器过载 工作/停止间隙周期时间不符合要求 电动机功率（P0307）超过变频器的负载能力（P0206）	检查以下各项： 1. 负载的工作/停止间歇周期时间不超过指定的允许值 2. 电动机的功率（P0307）必须与变频器的功率（P0206）相匹配	Off2
F0011 电动机过温	电动机过载	检查以下各项： 1. 负载的工作/停止间隙周期必须正确 2. 标称的电动机温度超限值（P0626～P0628）必须正确 3. 电动机温度报警电平（P0604）必须匹配。 如果 P0601＝0 或 1，请检查以下各项： 1）检查电动机的铭牌数据是否正确（如果不正确，则进行快速调试） 2）正确的等效电路数据可以通过电动机数据自动检测（P1910＝1）来得到 3）检查电动机的重量是否合理，必要时加以修改 4）如果用户实际使用的电动机不是西门子生产的标准电动机，可以通过参数 P0626，P0627，P0628 修改标准过温值 如果 P0601＝2，请检查以下各项： 1）检查 r0035 中显示的温度值是否合理 2）检查温度传感器是否是 KTY84（不支持其他型号的传感器）	Off1
F0012 变频器温度 信号丢失	变频器（散热器）的温度传感器断线		Off2
F0015 电动机温度 信号丢失	电动机的温度传感器开路或短路。如果检测到信号已经丢失，温度监控开关便切换为监控电动机的温度模型		Off2
F0020 电源断相	如果三相输入电源电压中的一相丢失，便出现故障，但变频器的脉冲仍然允许输出，可以带负载	检查输入电源各相的电路	Off2
F0021 接地故障	如果相电流的总和超过变频器额定电流的 5% 则引起这一故障		Off2

故　障	引起故障可能的原因	故障诊断和应采取的措施	反应
F0022 功率组件故障	在下列情况下将引起硬件故障（r0947＝22 和 r0949＝1）： 1. 直流电路过电流＝IGBT 短路 2. 制动斩波器短路 3. 接地故障 4. I/O 板插入不正确 由于所有这些故障只指定了功率组件的一个信号，但不能确定实际上是哪一个组件出现了故障	检查 I/O 板，它必须完全插入	Off2
F0023 输出故障	输出的一相断线		Off2
F0024 整流器过热	通风风量不足 冷却风机没有运行 环境温度过高	检查以下各相： 1. 变频器运行时冷却风机必须处于运转状态 2. 脉冲频率必须设定为默认值 3. 环境温度可能高于变频器允许的运行温度	Off2
F0030 冷却风扇故障	风扇不工作	1. 在装有操作面板选件（AOP 或 BOP）时，故障不能被屏蔽 2. 需要安装新风扇	Off2
F0035 重试再起动后 自动再起动故障	试图自动再起动的次数超过 P1211 确定的数值		Off2
F0040 自动校准故障			Off2
F0041 电动机参数 自动检测故障	电动机参数自动检测故障。 报警值＝0：负载消失 报警值＝1：进行自动检测时已达到电流限制值的电平 报警值＝2：自动检测出的定子电阻小于 0.1% 或大于 100% 报警值＝3：自动检测出的转子电阻小于 0.1% 或大于 500% 报警值＝4：自动检测出的电源电抗小于 50% 或大于 500% 报警值＝5：自动检测出的电源电抗小于 50% 或大于 500% 报警值＝6：自动检测出的转子时间常数小于 10 s 或大于 5 s 报警值＝7：自动检测出的总漏抗小于 5% 或大于 250% 报警值＝8：自动检测出的定子漏感小于 25% 或大于 250% 报警值＝9：自动检测出的转子漏感小于 25% 或大于 250% 报警值＝20：自动检测出的 IGBT 通态电压小于 0.5 V 或大于 10 V 报警值＝30：电流控制器达到了电压限制值 报警值＝40：自动检测出的数据组自相矛盾，至少有一个自动检测数据错误	报警值＝0：检查电动机是否与变频器正确连接 报警值＝1~40：检查电动机参数 P304~311 是否正确 检查电动机的接线应该是哪种形式	Off2

故　障	引起故障可能的原因	故障诊断和应采取的措施	反应
F0042 速度控制优 化功能故障	速度控制优化功能（P1960）。 故障值=0：在规定时间内不能达到稳 定速度 故障值=1：读数不合乎逻辑		Off2
F0051 参数 EEPROM 故障	存储参数时出错，或数据非法	1. 工厂复位并重新参数化 2. 与客户支持部门或维修部门联系	Off2
F0052 功率组件故障	读取功率组件的参数时出错，或数据 非法	与客户支持部门或维修部门联系	Off2
F0053 I/O EEPROM 故障	读 I/O EEPROM 信息时出错，或数据 非法	1. 检查数据 2. 更换 I/O 模块	Off2
F0054 I/O 板错误	连接的 I/O 板不对 I/O 板检测不出识别号，检测不到 数据	1. 检查数据 2. 更换 I/O 模块	Off2
F0060 ASIC（专用集成 电路）通信超时	内部通信故障	1. 如果存在故障，请更换变频器 2. 或与维修部门联系	Off2
F0070 CB 设定值故障	在通信报文结束时，不能从 CB（通信 板）得到设定值	检查 CB 板和通信对象	Off2
F0071 USS（BOP 链接） 设定值故障	在通信报文结束时，不能从 USS 得到 设定值	检查 USS 主站	Off2
F0072 USS（COMM 链接） 设定值故障	在通信报文结束时，不能从 USS 得到 设定值	检查 USS 主站	Off2
F0080 ADC 输入 信号丢失	断线 信号超出限定值		Off2
F0085 外部故障	由端子输入信号触发的外部故障	封锁触发故障的端子输入信号	Off2
F0101 功率组件溢出	软件出错或处理器故障	运行子测试程序	Off2
F0222 PID 反馈信号 高于最大值	PID 反馈信号超过 P2267 设置的最 小值	改变 P2268 的设置值或调整反馈增益系数	Off2
F0450 BIST（内建自测） 测试故障	故障值： 1. 有些功率部件的测试有故障 2. 有些控制板的测试有故障 3. 有些功能测试有故障 4. 通电检测时内部 RAM 有故障	1. 变频器可以运行，但有的功能不能正确工作 2. 检查硬件，与客户支持部门或维修部门联系	Off2

故　障	引起故障可能的原因	故障诊断和应采取的措施	反应
F0452 检测出传动带有故障	负载状态表明传动带故障或机械有故障	检查下列各相： 1. 驱动链有无断裂、卡死或堵塞现象 2. 外接速度传感器（如果采用的话）是否正确地工作 3. 如果采用转矩控制，以下参数的数值必须正确无误： P2182（频率门限值 f1） P2183（频率门限值 f2） P2184（频率门限值 f3） P2185（转矩上限值 1） P2186（转矩下限值 1） P2187（转矩上限值 2） P2188（转矩下限值 2） P2189（转矩上限值 3） P2190（转矩下限值 3） P2192（与允许偏差对应的延迟时间）	Off2
A0501 电流极限值	电动机功率与变频器功率不匹配 电动机引线电缆太长 接地故障	检查以下各项： 1. 电动机功率（P0307）必须与变频器功率（r0206）相匹配 2. 电缆长度不得超过允许限度 3. 电动机电缆和电动机不得有短路或接地故障 4. 电动机参数必须与实际使用的电动机相匹配 5. 定子电阻值（P0350）必须正确 6. 电动机旋转不得受阻碍，电动机不得过载 7. 增大斜坡时间 8. 减小提升数值	
A0502 过电压极限值	直流中间电路调节器被禁止（P1240=0） 脉冲被使能 直流电压实际值 r0026>r1242	如果长时间显示这一报警信息，检查传动装置输入电压	
A0503 欠电压极限值	供电电源发生故障 供电电源电压（P0210）以及直流中间回路电压（r0026）低于规定的极限值（P2172）	检查电源电压（P0210）	
A0504 变频器过热	超过了变频器散热器温度的报警阈值（P0614），导致脉冲频率降低和/或输出频率降低（取决于 P0610 中的参数设置）	1. 环境温度必须在规定的极限值范围内 2. 负载条件和工作循环必须合适	
A0505 变频器 I^2t	超过了报警阈值，如果已进行了参数设置（P0610=1），则将减小电流	检查负载工作循环是否在规定的极限值范围内	
A0506 变频器工作循环	散热器温度与 IGBT 结温之间的差值超过报警极限值	检查负载工作循环量和冲击负载是否在规定的极限值范围内	
A0511 电动机过热	电动机过载 负载工作循环量过大	1. P0604 电动机温度报警阈值 2. P0625 电动机环境温度 3. 如果 P0601=0 或 1，则检查以下各项： 1）检查铭牌数据是否正确（如果不正确，则执行快速调试） 2）通过执行电动机识别（P1910=1），可以得出准确的等效电路数据 3）检查电动机重量（P0344）是否合理，必要时加以更改 4）如果不是使用西门子公司标准型电动机，可以通过参数 P0626、P0627、P0628 更改标准过热温度 4. 如果 P0601=2，则检查以下各项： 1）检查 r0035 中显示的温度是否合理 2）检查传感器是否是 KTY84（不支持其他的传感器）	

故　障	引起故障可能的原因	故障诊断和应采取的措施	反应
A0512 电动机温度 信号丢失	电动机温度传感器短线。如果检测出短线，则温度监控切换成采用电动机热模型的监控方式		
A0520 整流器过热	超过了整流器的散热器温度（P）的报警阈值	1. 环境温度必须在规定的极限值范围内 2. 负载条件与工作循环必须合适 3. 在变频器运行时风机必须正常运转	
A0521 环境过热	超过了环境温度（P）的报警阈值	1. 环境温度必须在规定的极限值范围内 2. 在变频器运行时风机必须正常运转 3. 风机进风口必须没有任何阻力	
A0522 I^2C 读出超时	通过 I^2C 总线周期性访问 U_{ce} 值和功率组件温度受到干扰		
A0523 输出故障	电动机的一相断开	报警信息可以被屏蔽	
A0535 制动电阻发热			
A0541 电动机数据识别 功能激活	电动机数据识别功能（P1910）被选择或者正在运行		
A0542 速度控制最优 化功能激活	速度控制最优化功能（P1960）被选择或者正在运行		
A0590 编码器反馈信号 丢失的报警	来自编码器的信号丢失；变频器可能已切换成无传感器矢量控制方式（检查报警值 r0949）	使变频器停机： 1. 检查编码器的安装情况。如果安装了编码器且 r0949 = 5，则通过 P0400 选择编码器类型 2. 如果安装了编码器且 r0949 = 6，则检查编码器模块与变频器之间的连接 3. 如果没有安装编码器且 r0949 = 5，则选择 SLVC 方式（P1300 = 20 或 22） 4. 如果没有安装编码器且 r0949 = 6，则设定 P0400 = 0 5. 检查编码器与变频器之间的连接 6. 检查编码器是否处于无故障状态（选择 P1300 = 0，以固定速度运行，检查 r0061 中的编码器反馈信号） 7. 增大 P0492 中的编码器反馈信号丢失阈值	
A0710 CB 通信错误	与 CB（通信板）的通信中断	检查 CB 硬件	
A0711 CB 配置错误	CB（通信板）报告有配置错误	检查 CB 参数	
A0910 V_{dc-max} 调节器 已被停用	V_{dc-max}（最大直流因线电压）调节器由于其不能使直流中间电路电压（r0026）而使其保持在极限值（P2172）范围内，已经被停用 　如果电源电压（P0210）一直太高，就可能出现这一报警 　如果电动机由负载带动旋转而使电动机进入再生类制动方式，就可能出现这一报警 　在斜坡下降时，如果负载的惯量很高，就可能出现这一报警	1. 输入电源电压（P0210）必须在允许范围内 2. 负载必须匹配	

故　障	引起故障可能的原因	故障诊断和应采取的措施	反应
A0911 V_{dc-max} 调节器 激活	V_{dc-max} 调节器激活；这样将自动增大斜坡下降时间以使直流中间电路电压（r0026）保持在极限值（P2172）范围内	检查 CB 参数	
A0912 V_{dc-min} 调节器 激活	如果直流中间电路电压（r0026）下降到最小电平（P2172）以下，则 V_{dc-min}（最小直流母线电压）调节器将被激活 电动机的动能用于缓冲直流中间电路电压，因而导致传动系统减速 这么短时间的电源故障不一定引起欠电压脱扣		
A0920 ADC 参数设定 不正确	ADC 参数不应设定为相同的值，因为这样会产生不合逻辑的结果 变址 0：输出的参数设定相同 变址 1：输入的参数设定相同 变址 2：输入的参数设定与 ADC 类型不一致		
A0921 DAC 参数设定 不正确	DAC 参数不应设定为相同的值，因为这样会产生不合乎逻辑的结果 变址 0：输出的参数设定相同 变址 1：输入的参数设定相同 变址 2：输出的参数设定与 DAC 类型不一致		
A0922 变频器没有负载	变频器没有负载。因而有些功能不能像在正常负载条件下那样工作		
A0923 同时请求反向 JOG 和正向 JOG	已同时请求正向 JOG 和反向 JOG（P1055 / P1056）。这会使 RFG 输出频率稳定在其当前值	不要同时按正向和反向 JOG 键	
A0952 传动带 故障报警	电动机的负载状态表明传动带故障或机械故障	1. 传动链应无断裂、卡死或阻塞 2. 如果使用外部速度传感器，检查其是否正常工作。检查参数： 1）P0409（额定速度时的每分钟脉冲数） 2）P2191（传动带故障速度公差） 3）P2192（允许偏差的延迟时间） 3. 如果采用转矩包络线，检查下列参数： 1）P2182（频率阈值 f1） 2）P2183（频率阈值 f2） 3）P2184（频率阈值 f3） 4）P2185（转矩上阈值 1） 5）P2186（转矩下阈值 1） 6）P2187（转矩上阈值 2） 7）P2188（转矩下阈值 2） 8）P2189（转矩上阈值 3） 9）P2190（转矩下阈值 3） 10）P2192（允许偏差的延迟时间） 4. 需要时加润滑	
A0936 PID 自动整定 激活	PID 自动整定功能（P2350）已被选择或者正在运行		

附录 C 电工国家职业技术标准

变频器技术是电气自动化、机电一体化专业的专业核心课程，也是中高级维修电工、技师、高级技师认证所要求的核心技能。本章以电工国家职业标准为例，给出变频器、PLC、触摸屏等技术在职业资格认证中的相关内容和要求。

本标准摘自 2019 年国家人力资源和社会保障部职业技能鉴定中心发布的《国家职业资格目录》中的"机械设备修理人员——电工"技能人员职业资格。

1. 职业概况

《电工国家职业技术标准：电工》（2019-01-03）来源于 2019 年国家人力资源和社会保障部发布的《国家职业资格目录》，对应的职业资格为"机械设备修理人员——电工"，职业编码为 6-31-01-03。其职业定义为：使用工具、量具和仪器、仪表，安装、调试与维护、修理机械设备电气部分和电气系统线路及器件的人员。职业技能等级共设五个等级，分别为：五级/初级工、四级/中级工、三级/高级工、二级/技师、一级/高级技师。

2. 认证要求

电工国家职业技术标准中对五级/初级工、四级/中级工、三级/高级工、二级/技师和一级/高级技师的技能要求和相关知识要求依次递进，高级别涵盖低级别的要求。下面以三级/高级工、二级/技师为例加以介绍，见表 C-1 和表 C-2 两个表中标★的为涉及安全生产或操作的关键技能。

表 C-1 三级/高级工内容和要求

职业功能	工作内容	技能要求	相关知识要求
1. 继电控制电路装调和维修	1.1 继电器、接触器控制电路分析、测绘	1.1.1 能对多台联动三相交流异步电动机控制方案进行分析、选择 1.1.2 能对 T68 镗床、X62W 铣床或类似难度的电气控制电路接线图进行测绘、分析	1.1.1 电气控制方案分析方法 1.1.2 电气接线图测绘步骤、分析方法
	1.2 机床电气控制电路调试、维修	1.2.1★ 能根据设备技术资料对 T68 镗床、X62W 铣床或类似难度的电路进行调试、维修 1.2.2★ 能根据设备技术资料对大型磨床、龙门刨床或类似难度的电路进行调试、维修 1.2.3★ 能根据设备技术资料对龙门刨床、盾构机或类似难度的电路进行调试、维修	1.2.1 T68 镗床、X62W 铣床电路组成、控制原理 1.2.2 磨床、铣床电路组成、控制原理 1.2.3 龙门刨床、盾构机电路组成、控制原理
	1.3 临时供电、用电设备设施的安装与维护	1.3.1 能确认临时用电方案，并组织实施 1.3.2★ 能组织安装临时用电配电室、配电变压器、配电线路 1.3.3★ 能安装、维护临时用电自备发电动机 1.3.4 能安装、维护、拆除塔吊等建筑机械的电气部分	1.3.1 临时用电负荷计算 1.3.2 临时供电、用电设备型号、技术指标 1.3.3 接地装置施工、验收规范 1.3.4 施工现场临时用电安全技术规范

职业功能	工作内容		技能要求	相关知识要求
2. 电气设备（装置）装调和维修	2.1 常用电力电子装置维护		2.1.1 能识别变频器操作面板、电源输入端、输出端、控制端 2.1.2 能根据用电设备要求，参照变频器使用手册，设置变频器参数，确认变频器故障 2.1.3★ 能对 UPS 不间断电源整流电路、逆变电路、控制电路进行检修	2.1.1 变频器工作原理、使用方法 2.1.2 变频器故障类型 2.1.3 UPS 不间断电源工作原理、使用方法
	二选一	2.2 非工频设备装调、维修	2.2.1★ 能对中高频淬火设备可控整流电源进行调试 2.2.2★ 能对中高频淬火设备高压电子管三点振荡电路进行调试 2.2.3★ 能对中高频淬火设备电容耦合电路进行调试 2.2.4★ 能对中高频淬火设备加热变压器耦合电路进行调试	2.2.1 集肤效应、涡流等电磁原理 2.2.2 中高频淬火设备工作原理 2.2.3 中高频淬火设备调试方法 2.2.4 中高频淬火设备操作规程
		2.3 调功器装调、维修	2.3.1 能安装、调试调功器设备 2.3.2 能检测调功器主电路、控制电路的输出波形 2.3.3★ 能排除调功器内部主电路故障	2.3.1 调功器工作原理 2.3.2 过零触发控制电路工作原理
3. 自动控制电路装调和维修	二选一	3.1 可编程控制系统分析、编程与调试、维修	3.1.1 能使用基本指令编写自动洗衣机、机械手或类似难度的可编程控制器控制程序 3.1.2 能用可编程控制器改造 C6140 车床、T68 镗床、X62W 铣床或类似难度的继电控制电路 3.1.3 能模拟调试以基本指令为主的可编程控制器程序 3.1.4 能现场调试以基本指令为主的可编程控制器程序 3.1.5 能根据可编程控制器面板指示灯，借助编程软件、仪器仪表分析可编程控制系统的故障范围 3.1.6 能排除可编程控制系统中开关、传感器、执行机构等外围设备电气故障	3.1.1 自动洗衣机、机械手等设备的控制逻辑 3.1.2 梯形图编程规则 3.1.3 可编程控制器模拟调试方法 3.1.4 可编程控制器现场调试方法 3.1.5 可编程控制系统故障范围判断方法 3.1.6 可编程控制器外围设备常见故障类型、排除方法
		3.2 单片机控制电路装调	3.2.1 能根据单片机控制电路接线图完成单片机控制系统接线 3.2.2 能使用编程软件完成上位机与单片机之间的程序传递 3.2.3 能分析信号灯闪烁控制或类似难度的单片机控制程序	3.2.1 单片机结构 3.2.2 单片机引脚功能 3.2.3 单片机编程软件、烧录软件基本功能 3.2.4 单片机基本指令使用方法
	二选一	3.3 消防电气系统装调、维修	3.3.1 能检修消防泵的起动、停止电路 3.3.2 能检修消防系统用传感器 3.3.3 能检修消防联动系统 3.3.4 能检修消防主机控制系统 3.3.5 能设置消防系统人机界面	3.3.1 消防电气系统安装、运行规范 3.3.2 消防用传感器的种类、选用方法 3.3.3 人机界面设置方法
		3.4 冷水机组电控设备维修	3.4.1 能检修冷水机组的起动、停止电路 3.4.2 能检修冷水机组的流量控制电路 3.4.3 能检修冷水机组的温度控制电路 3.4.4 能检修冷水机组的冷量控制电路	3.4.1 温度传感器选用方法 3.4.2 流量传感器选用方法 3.4.3 冷水机组操作规范

职业功能	工作内容	技能要求	相关知识要求
4. 应用电子电路调试和维修	4.1 电子电路分析、测绘	4.1.1 能对由集成运算放大器组成的应用电路进行测绘 4.1.2 能分析由分立元件、集成运算放大器组成的应用电子电路的功能、用途	4.1.1 电子电路测绘方法 4.1.2 集成运算放大器的线性应用、非线性应用技术
	4.2 电子电路调试、维修	4.2.1 能对编码器、译码器等组合逻辑电路进行调试、维修 4.2.2 能对寄存器、计数器等时序逻辑电路进行调试、维修 4.2.3 能分析由 555 集成电路组成的定时器等常用电子电路的功能、用途 4.2.4 能对小型开关稳压电路进行调试、维修	4.2.1 编码器、译码器等组合逻辑电路基础知识 4.2.2 寄存器、计数器等时序逻辑电路基础知识 4.2.3 555 集成电路基础知识 4.2.4 小型开关稳压电路工作原理
	4.3 电力电子电路分析、测绘	4.3.1 能对晶闸管触发电路进行测绘 4.3.2 能对相控整流主电路、触发电路的工作波形进行测绘	4.3.1 半波可控整流电路、半控桥式整流电路、全控桥式整流电路工作原理 4.3.2 可控整流电路计算方法
	4.4 电力电子电路调试、维修	4.4.1★ 能利用示波器对相控整流主电路、触发电路进行波形测量和调试 4.4.2★ 能对相控整流主电路、触发电路进行维修	4.4.1 相控整流电路调试方法 4.4.2 相控整流电路波形分析方法
5. 交直流传动系统装调和维修	5.1 交直流传动系统安装	5.1.1 能识读和分析交直流传动系统图 5.1.2 能对交直流传动系统的设备、器件进行检查确认 5.1.3 能对交直流传动系统设备进行安装	5.1.1 直流调速系统工作原理 5.1.2 交流调速系统工作原理
	5.2 交直流传动系统调试	5.2.1 能分析交直流传动系统中各单元电路工作原理 5.2.2 能对交直流调速电路进行调试	5.2.1 电磁转差离合器调速工作原理 5.2.2 串级调速工作原理 5.2.3 单闭环直流调速工作原理
	5.3 交直流传动系统维修	5.3.1 能分析和判断交直流传动系统的故障原因 5.3.2★ 能对交直流传动装置及外围电路故障进行分析、排除	5.3.1 交直流传动系统常见故障

表 C-2　二级/技师内容和要求

职业功能	工作内容		技能要求	相关知识要求
1. 电气设备（装置）装调和维修	1.1 数控机床电气控制装置装调、维修		1.1.1 能对编码器、光栅尺进行调整 1.1.2★ 能对数控机床电气线路进行装调维修	1.1.1 编码器、光栅尺工作原理 1.1.2 数控机床电气控制原理
	二选一	1.2 工业机器人调试	1.2.1 能对工业机器人外围线路进行连接、调试 1.2.2 能对工业机器人进行示教编程 1.2.3 能对工业机器人进行保养	1.2.1 工业机器人工作原理 1.2.2 示教器使用方法 1.2.3 工业机器人保养方法
		1.3 单片机控制的电气装置装调、维修	1.3.1 能编写、调试电动机起停控制或类似难度的单片机程序 1.3.2 能调试以基本指令为主的单片机程序 1.3.3 能使用编程软件、仪器仪表划定单片机控制的电气装置的故障范围 1.3.4 能排除单片机控制的电气装置电气故障	1.3.1 单片机控制系统开发流程 1.3.2 单片机应用程序编译、仿真调试、烧录的方法 1.3.3 单片机控制系统故障检测、判断方法

职业功能	工作内容		技能要求	相关知识要求
2. 自动控制电路装调和维修	2.1 可编程控制系统编程与维护		2.1.1 能对模拟量输入/输出模块进行程序分析、程序编制 2.1.2 能选用和连接触摸屏 2.1.3 能设置触摸屏与可编程控制器之间的通信参数 2.1.4 能编辑和修改触摸屏组态画面 2.1.5 能判断、排除可编程控制器功能模块故障	2.1.1 可编程控制器功能模块技术参数 2.1.2 可编程控制器特殊功能模块参数的设置方法 2.1.3 触摸屏组态软件使用方法 2.1.4 可编程控制器与触摸屏之间的通信规约
	二选一	2.2 风力发电系统电气设备维护	2.2.1 能对风力发电变桨系统进行维护 2.2.2 能对风力发电解缆系统进行维护	2.2.1 风力发电基础知识
		2.3 光伏发电系统电气设备维护	2.3.1 能对太阳能电池应用电路进行维护 2.3.2 能对光伏发电系统电路进行维护	2.3.1 光伏发电基础知识
	二选一	2.4 双闭环直流调速系统装调、维修	2.4.1 能对双闭环直流调速系统组成设备、器件进行检查和确认 2.4.2★ 能对速度环、电流环进行调试 2.4.3 能分析判断双闭环直流调速系统的故障原因 2.4.4★ 能排除双闭环直流调速装置及外围电路故障	2.4.1 双闭环直流调速系统工作原理 2.4.2 双闭环直流调速系统常见故障
		2.5 变频恒压供水系统装调、维修	2.5.1 能对变频恒压供水系统组成设备、器件进行检查和确认 2.5.2 能对变频恒压供水系统设备进行安装 2.5.3★ 能对变频恒压供水系统电路进行调试 2.5.4★ 能对变频恒压供水系统电路进行故障排除 2.5.5 能对 PID 调节器进行安装和接线 2.5.6 能根据控制要求设置、调整 PID 调节器参数 2.5.7 能对 PID 调节器进行自整定调试	2.5.1 变频恒压供水系统组成、工作原理 2.5.2 压力变送器使用方法 2.5.3 PID 调节器工作原理 2.5.4 PID 调节器参数设置方法 2.5.5 PID 调节器自整定调试方法
3. 应用电子电路调试和维修	3.1 电子线路分析、测绘		3.1.1 能对由组合逻辑电路组成的电子应用电路进行分析和测绘 3.1.2 能对由时序逻辑电路组成的电子应用电路进行分析和测绘	3.1.1 组合逻辑电路工作原理 3.1.2 时序逻辑电路工作原理
	3.2 电子线路调试、维修		3.2.1 能对 A/D、D/A 应用电路进行调试 3.2.2 能对寄存器型 N 进制计数器应用电路进行调试 3.2.3 能对中小规模集成电路的外围电路进行维修	3.2.1 A/D、D/A 转换器工作原理 3.2.2 寄存器型 N 进制计数器工作原理 3.2.3 集成触发电路工作原理
	3.3 电力电子电路分析、测绘		3.3.1 能测绘三相整流变压器△/Y-11 或 Y/Y-12 联结组别 3.3.2 能测绘晶闸管触发电路、主电路波形 3.3.3 能测绘直流斩波器电路波形	3.3.1 三相变压器联结组别国家标准 3.3.2 晶闸管电路同步（定相）方法 3.3.3 直流斩波电路工作原理
	3.4 电力电子电路调试、维修		3.4.1 能根据三相整流变压器△/Y-11 或 Y/Y-12 联结组别号进行接线 3.4.2★ 能分析、排除相控整流电路故障 3.4.3 能根据需要对直流斩波器输出波形进行调整	3.4.1 相控整流电路常见故障 3.4.2 直流斩波电路工作原理

职业功能	工作内容	技能要求	相关知识要求
4. 交直流传动及伺服系统调试和维修	4.1 交直流传动系统调试、维修	4.1.1 能分析造纸机交直流调速系统或类似难度的电气控制系统原理图 4.1.2★ 能对造纸机交直流调速系统或类似难度的电气传动系统进行调试、维修	4.1.1 反馈原理与分类 4.1.2 交直流调速系统的调试方法 4.1.3 交直流调速系统的常见故障
	4.2 伺服系统的调试、维修	4.2.1 能对步进电动机驱动装置进行安装、调试 4.2.2 能分析、排除步进电动机驱动器主电路故障 4.2.3 能分析交直流伺服系统电气控制原理图 4.2.4★ 能对交直流伺服系统进行调试、维修	4.2.1 步进电动机驱动装置调试方法 4.2.2 步进电动机驱动器常见故障 4.2.3 交直流伺服系统调试方法 4.2.4 交直流伺服系统常见故障
5. 培训与技术管理	5.1 培训指导	5.1.1 能编写培训教案 5.1.2 能对本职业高级工及以下人员进行理论培训 5.1.3 能对本职业高级工及以下人员进行操作技能指导	5.1.1 培训教案编制方法 5.1.2 理论培训教学方法 5.1.3 操作技能指导方法
	5.2 技术管理	5.2.1 能进行电气设备检修管理 5.2.2 能进行电气设备维护质量管理 5.2.3 能制定电气设备大、中修方案	5.2.1 电气设备检修管理方法 5.2.2 电气设备维护质量管理方法 5.2.3 电气设备大、中修方案编写方法

考核权重见表 C-3 和表 C-4。

表 C-3　理论知识权重表

项目	技能等级	五级/初级工（%）	四级/中级工（%）	三级/高级工（%）	二级/技师（%）	一级/高级技师（%）
基本要求	职业道德	5	5	5	5	5
	基础知识	20	15	10	5	5
相关知识要求	电器安装和线路敷设	25	—	—	—	—
	继电控制电路的装调、维修	30	25	10	—	—
	电气设备（装置）的装调、维修	—	20	25	25	35
	自动控制电路装调维修	—	25	10	10	—
	基本电子电路的装调、维修	20	10	—	—	—
	应用电子电路的调试、维修	—	—	15	15	—
	交直流传动系统的装调、维修	—	—	25	—	—
	交直流传动及伺服系统的调试、维修	—	—	—	30	—
	电气自动控制系统的调试、维修	—	—	—	—	45
	培训与技术管理	—	—	—	10	10
合计		100	100	100	100	100

表 C-4 技能要求权重表

项　目	技能等级	五级/初级工（%）	四级/中级工（%）	三级/高级工（%）	二级/技师（%）	一级/高级技师（%）
技能要求	电器安装和线路敷设	40	—	—	—	—
	继电控制电路的装调、维修	40	30	15	—	—
	电气设备（装置）装调维修	—	25	30	25	45
	自动控制电路的装调、维修	—	30	20	15	—
	基本电子电路的装调、维修	20	15	—	—	—
	应用电子电路的调试、维修	—	—	15	20	—
	交直流传动系统的装调、维修	—	—	20	—	—
	交直流传动及伺服系统的调试、维修	—	—	—	30	—
	电气自动控制系统的调试、维修	—	—	—	—	40
	培训与技术管理	—	—	—	10	15
合计		100	100	100	100	100

参 考 文 献

[1] 王廷才，王伟．变频器原理及应用［M］.3 版．北京：机械工业出版社，2017.
[2] 陈坚．电力电子技术及应用［M］．北京：中国电力出版社，2005.
[3] 李良仁．变频调速技术与应用［M］.3 版．北京：电子工业出版社，2015.
[4] 周志敏，周记海，纪爱华．变频调速系统设计与维护［M］．北京：中国电力出版社，2007.
[5] 何超．交流变频调速技术［M］.3 版．北京：北京航空航天大学出版社，2017.
[6] 张选正，张金远．变频器应用技术与实践［M］．北京：中国电力出版社，2009.
[8] 廖常初．S7-200 PLC 基础教程［M］.4 版．北京：机械工业出版社，2020.
[9] 徐海，施利春．变频器原理及应用［M］．北京：清华大学出版社，2010.
[10] 李方园．图解变频器控制及应用［M］．北京：中国电力出版社，2012 .
[11] 宋爽，周乐挺．变频器技术及应用［M］．北京：高等教育出版社，2012.
[12] 陈山，朱莉，牛雪娟．变频器基础及使用教程［M］．北京：化学工业出版社，2013.
[13] 王兆义．变频器应用故障 200 例［M］．北京：机械工业出版社，2013.
[14] 西门子（中国）有限公司．MICROMASTER 440 变频器用户使用手册［Z］.2010.
[15] 吴志敏，阳胜峰．西门子 PLC 与变频器、触摸屏综合应用教程［M］．北京：中国电力出版社，2010.
[16] 侍寿永．S7-200 PLC 编程及应用项目教程［M］．北京：机械工业出版社，2012.
[17] 侍寿永．西门子 S7-200 SMART PLC 编程及应用教程［M］．北京：机械工业出版社，2016.
[18] 国家人力资源和社会保障部职业技能鉴定中心，国家职业技术标准：电工（2019-01-03），2019.
[19] 刘长国，黄俊强，编著.MCGS 嵌入式组态应用技术［M］．北京：机械工业出版社，2018.